云计算与大数据技术应用探索

胡宇博　齐虎春　田晓霞　著

中国商业出版社

图书在版编目（C I P）数据

云计算与大数据技术应用探索 / 胡宇博，齐虎春，田晓霞著. -- 北京 : 中国商业出版社，2023. 12
ISBN 978-7-5208-2830-7

Ⅰ. ①云… Ⅱ. ①胡… ②齐… ③田… Ⅲ. ①云计算②数据处理 Ⅳ. ①TP393. 027②TP274

中国国家版本馆CIP数据核字(2023)第246837号

责任编辑：许启民
策划编辑：武维胜

中国商业出版社出版发行
（www.zgsycb.com　100053　北京广安门内报国寺 1 号）
总编室：010-63180647　编辑室：010-83128926
发行部：010-83120835/8286
新华书店经销
天津和萱印刷有限公司印刷
*
710 毫米 ×1000 毫米　16 开　13.5 印张　220 千字
2023 年 12 月第 1 版　2023 年 12 月第 1 次印刷
定价：88.00 元
****

前言

随着信息技术的迅猛发展，云计算和大数据技术已经成为推动现代科技创新和社会发展的重要引擎，在当今信息社会中扮演着举足轻重的角色。云计算作为一种灵活的计算模式，提供了按需获取和共享计算资源的方式，深刻地改变了IT行业的格局。大数据技术则致力于处理和分析海量的数据，为决策者提供全面、准确的信息支持。本书旨在帮助读者理解云计算和大数据技术的本质，深入挖掘其潜在的商业价值，探索其在不同领域的创新应用。

本书系统阐述了云计算和大数据技术的各个方面，首先阐述了云计算的类型、大数据的社会影响以及二者之间的关系；其次探讨云计算的原理体系、关键技术研究以及技术创新应用；再次集中讨论与大数据相关的主题，包括数据仓库与数据挖掘技术、大数据分析技术与应用、大数据可视化技术与应用、数据管理与数据库技术，以及数据库操作与安全系统；最后聚焦大数据思维及其创新应用以及基于大数据的虚拟现实技术与应用，为读者提供了全面而深刻的知识体系。

本书从云计算的基础概念到大数据的实际应用，深入剖析了这两项关键技术的原理、关系以及创新应用。本书的主要特点如下。

第一，全面性与深入性：本书覆盖云计算和大数据技术的各个方面，从基础概念到创新应用，旨在为读者提供一站式的学习资源。

第二，前沿技术与趋势：随着科技的不断发展，本书涵盖最新的云计算和大数据技术趋势，帮助读者在快速变化的技术领域中保持更新。

第三，跨学科视角：本书采用跨学科的视角，结合计算机科学、数据科学和商业管理等领域的知识，使读者能够更好地理解云计算和大数据技术的综合影响。

本书由胡宇博（长春财经学院）、齐虎春（内蒙古化工职业学院）、田晓霞（河北资源环境职业技术学院）共同撰写，力图为读者提供一个全面而完整的知识框架，以便读者更好地把握云计算和大数据的核心知识，从容应对不断变化的技术和商业环境。希望本书能够成为广大读者学习云计算和大数据技术的有力引导，帮助读者更好地应对未来信息技术的挑战和机遇。

目录

第一章 云计算与大数据基础

云计算是以虚拟化机制为核心，以规模经济为驱动，以 Internet 为载体，以由大规模的计算、存储和数据资源组成的信息资源池为支撑，按照用户需求动态地提供虚拟化的、可伸缩的信息服务。本章围绕云计算及其服务架构、大数据及其社会影响、云计算与大数据的关系展开论述。

第一节 云计算及其服务架构

一、云计算的主要特点

云计算是一种新型的计算模式，具有可扩展性、灵活自如、可根据需要使用等特点，受到学界和业界的一致好评。云计算本质上是一种分布式计算，即通过将需要处理的海量数据信息分割成大量“小块”，再交给无数个小程序分别处理后合并结果，最后反馈给用户。[①] 云计算的基本特点主要有以下方面：

第一，提供自助服务，客户可以根据自身需要使用。客户能够根据自身需要灵活使用云计算服务，无须直接与提供云计算服务的开发商进行沟通，直接获取服务器、网络存储、计算能力等资源，并可根据个性化需求组合不同资源。

第二，网络访问方式多样化。客户可通过多种客户端，如手机、平板电脑、工作站等，在互联网上访问资源池。

第三，资源池客户无须关心资源具体位置，可根据需要直接从资源池中获取各种计算资源，同时资源池支持动态扩展和自我分配。

第四，速度快且弹性大。云计算提供的计算能力在分配和释放方面具

① 梁昊．云计算技术在计算机大数据分析中的运用：评《云计算与大数据》[J]. 科技管理研究，2020(16)：267.

有极大弹性，能够快速自动伸缩，摆脱了时间和数量方面的限制。

第五，可评测的服务。云计算系统能够根据存储、处理、活跃用户账号等具体情况进行自动控制，使资源分配更为合理，并向客户提供数据服务，提高服务的透明度。

第六，与网格计算、全局计算以及互联网计算等多种计算模式相比，云计算在客户界面上更为友好。使用云计算时，客户能够保留先前的工作习惯，继续使用原有的工作环境，只需安装小型的云客户端软件，占用内存少，安装成本也相对较低。云计算的界面与客户所在的地理位置无直接关系，利用成熟的界面技术，用户能够更便捷地享受云计算提供的各种资源和服务。如用户可直接访问 Web 服务框架和互联网浏览器，无时间和地点的限制。

第七，根据需要配置服务资源。云计算提供的资源和服务完全根据客户自身的需求或购买权限，客户在选择计算环境时可以结合自身的具体情况，而且享有管理特权。

第八，能够保证服务质量。云计算为客户提供的计算环境质量得到了充分保障，客户无须担心质量问题，底层基础设施的建设和维护等方面都是安全可靠的。

第九，拥有独立系统。云计算系统是完全独立的，其管理模式也实现了透明化。软件、硬件和数据可以自动进行配置和强化，客户所看到的是一个统一的平台。

第十，具有可扩展性和极大的弹性。这是云计算最重要的特征，也是将云计算和其他计算区分开来的本质特征。云计算服务可以在多个方面进行扩展，包括地理位置、硬件功能和软件配置等。此外，云计算具备极大的弹性，能够满足客户各种多样化的需求。

二、云计算的服务架构

云计算是一种商业计算模型，它将计算任务分布在大量计算机构成的资源池上，使用户能够按需获取计算力、存储空间和信息服务。美国国家标准和技术研究院提出云计算的三个基本框架（服务模式），即基础设施即服务、平台即服务、软件即服务。

（一）基础设施即服务

基础设施即服务（IaaS）是云计算架构的重要组成部分，在架构当中处于最低层。IaaS 的功能是提供存储服务、虚拟服务器以及其他与计算有关的资源。IaaS 通过提供功能，可以协助用户处理计算资源定制过程中遇到的问题。用户可以利用购买的方式获得部署权限、操作系统权限、访问应用程序的权限。获取权限之后，用户不需要付出额外的精力对基础设施进行维护或者管理。除此之外，用户可以在权限允许范围内对网络组件做出更改，让组件更好地满足自身的使用需求。该层通常按照所消耗资源的成本进行收费。

（二）平台即服务

平台即服务（PaaS）位于云计算三层体系结构的中间，其作用是为用户构建能够连接互联网的应用开发平台或构建应用开发环境，为应用的创建提供所需的软件资源、硬件资源或工具资源。在这一层面上，服务提供商直接提供具备逻辑或 IT 能力的资源，如文件系统、数据库。用户可以利用该平台部署应用的开发程序。然而，所有操作都需要遵循平台设定的规定，通常按用户或使用情况计费。

（三）软件即服务

软件即服务（SaaS）是常见的云计算服务，位于云计算三层架构的顶端。软件即服务是将软件服务通过网络（主要是互联网）提供给客户，客户只需通过浏览器或其他符合要求的设备接入使用即可。SaaS 所提供的软件服务都是由服务提供商或运营商负责维护和管理，客户根据自身需要进行租用，从而免除了客户购买、构建和维护基础设施和应用程序的过程。

第二节　大数据及其社会影响

一、大数据的涵盖内容

随着人与人、人与机器、机器与机器在交易、沟通、通信中产生的数据量越来越大，人类开始走进大数据时代。大数据是来源多样、类型多样、大而复杂、具有潜在价值，但难以在期望时间内运用传统方法进行处理的数据集。通俗地讲，大数据是数字化生存时代的新型战略资源，是驱动创新的重要因素，正在改变人类的生产和生活方式。大数据是一个多层次、多维度的概念，其界定涵盖了数据的规模、速度、多样性和价值等多个方面。

第一，数据规模。大数据的首要特征是其庞大的规模。然而，对于什么规模的数据才可以被视为“大数据”并没有明确的标准。通常来说，大数据是指那些传统的数据管理和处理工具无法有效处理的数据量。这可能是数十亿个记录、数百 TB 甚至更多的数据。但随着技术的不断发展，数据规模的界定也在不断变化。

第二，数据速度。数据的产生和流动速度也是大数据的关键特征之一。在大数据环境中，数据以极快的速度生成、传输和更新。这包括社交媒体、传感器、网络日志等多个来源的实时数据流。这种高速数据流需要实时或近实时处理和分析，以便从中提取有用的信息。

第三，数据多样性。大数据不仅包括结构化数据（如数据库中的表格数据），还包括半结构化数据（如 XML 文件、JSON 数据）和非结构化数据（如文本、图像、音频和视频文件）。这种多样性使得大数据分析更加复杂，因为不同类型的数据需要不同的处理和分析方法。

第四，数据价值。大数据的关键目标之一是从中获取有价值的信息。这包括洞察客户行为、发现市场趋势、预测未来事件等。大数据的价值在于它的能力，即从大规模、多样化的数据中提取出对决策和业务有益的见解。

第五，数据真实性和准确性。大数据的界定还包括数据的真实性和准确性。不仅需要大量数据，还需要确保这些数据是准确的、可信的，并且没有失真。数据质量问题可能导致分析结果不准确，甚至导致误导性的决策。

第六，数据存储和处理技术。大数据通常需要使用特殊的存储和处理技术，如分布式存储系统（如 Hadoop 和 HDFS）以及并行计算框架（如 Map-Reduce）。这些技术使得大数据的存储、管理和分析成为可能。

第七，数据生命周期。大数据的界定还涵盖了数据的生命周期，包括数据的生成、传输、存储、分析和保留。这个方面考虑了数据的整个流程，从数据的采集到最终的决策支持。

随着技术的不断进步和数据的不断增长，对于大数据的界定也在不断演变和扩展。在实际应用中，了解大数据的这些特征和界定对于有效利用大数据资源和实现数据驱动的决策至关重要。

二、大数据的社会影响

（一）大数据对思维方式的影响

大数据时代最大的转变就是思维方式的三种转变：全样而非抽样、效率而非精确、相关而非因果。

第一，全样而非抽样。在传统的数据分析中，一般采用抽样方法从大规模数据中获取一个相对较小的样本，然后基于这个样本进行分析和推断。然而，随着大数据时代的到来，这种方式已逐渐过时。现在，我们无须再依赖样本，而可以直接使用全部可用数据，即全样进行分析。这种变革有助于人们更准确地理解和描述数据的整体情况，避免了抽样可能导致的偏差。全样的应用有助于更好地捕捉数据中的微小变化和模式，对于决策制定和问题解决非常有帮助。

第二，效率而非精确。在以前，数据分析往往追求高度的精确性，这意味着需要大量的时间和资源来收集、清洗和分析数据。然而，在大数据时代，效率变得至关重要。大数据技术允许我们在更短的时间内处理大量数据，而不一定要求百分之百的精确性。这意味着我们可以快速地获取见解，快速采取行动，而不必等待完全准确的数据。

第三，相关而非因果。在大数据时代，通常更容易找到相关性而不是因果关系。由于数据量庞大，我们可以轻松地发现各种各样的相关关系，但要确定这些关系是否具有因果性则更为复杂。这种思维方式的改变要求我们更加谨慎地解释数据，不仅要关注相关性，还要进行深入的分析，确定是否存在真正的因果关系。这可以避免错误的决策和误导性的信息。

（二）大数据对社会发展的影响

随着信息技术的飞速发展，大数据已经成为一种新的决策方式。传统的决策过程通常依赖于有限的数据样本和经验，但大数据技术允许我们分析庞大的数据集，揭示隐藏在其中的模式和趋势。这种基于数据的决策方式更加客观、准确，并且可以帮助政府、企业和组织更好地应对挑战和机会。例如，政府可以利用大数据来制定更精确的政策，企业可以根据消费者数据来调整市场策略，医疗领域可以通过分析大数据来提高诊断和治疗的准确性。

大数据的迅猛发展不仅对现有技术和应用产生了深远影响，还推动了新技术和新应用的不断涌现。数据科学、人工智能、机器学习等领域都因大数据的支持而蓬勃发展，这些领域的不断进步促进了更广泛的大数据应用。例如，自动驾驶汽车的进步依赖于大数据的实时传感器数据和机器学习算法；医疗领域的基因组学研究受益于大规模基因数据的深度分析；智能城市的建设则借助大数据来改善交通、环境和城市管理。大数据的不断演进将继续孕育新技术和新应用，为社会发展带来更多创新和机遇。

（三）大数据对科学研究的影响

人类自古以来在科学研究上先后历经了实验、理论、计算和数据密集型四种范式。

第一种范式：实验科学。在最初的科学研究阶段，人类采用实验来解决一些科学问题，著名的比萨斜塔实验就是一个典型实例。1590 年，伽利略在比萨斜塔上做了“两个铁球同时落地”的实验，得出了重量不同的两个铁球同时下落的结论，从此推翻了亚里士多德“物体下落速度和重量成比例”的学说，纠正了这个持续了很久的错误结论。

第二种范式：理论科学。实验科学研究受到当时实验条件的限制，难以对自然现象有更精确的理解。随着科学的进步，人类开始采用各种数学、物理等理论，构建问题模型和解决方案。例如，牛顿第一定律、牛顿第二定律、牛顿第三定律组成了牛顿力学的完整体系，奠定了经典力学的概念基础。这一理论体系的广泛传播和应用对人们的生活和思想产生了深远影响，很大程度上推动了人类社会的发展与进步。

第三种范式：计算科学。随着人类历史上第一台计算机的诞生，人类社会开始迈入计算机时代，科学研究进入了一个以“计算”为中心的全新时期。在实际应用中，计算科学主要用于对各个科学问题进行计算机模拟和其他形式的计算。通过设计算法并编写相应程序输入计算机运行，人类可以借助计算机的高速运算能力解决各种问题。计算机具有存储容量大、运算速度快、精度高、可重复执行等特点，是科学研究的利器，推动了人类社会的飞速发展。

第四种范式：数据密集型科学。随着数据的不断累积，其宝贵价值日益得到体现，物联网和云计算的出现，更是促成了事物发展从量变到质变的转变，使人类社会开启了全新的大数据时代。这时，计算机不仅能做模拟仿真，还能进行分析总结，得到理论。在大数据环境下，一切将以数据为中心，从数据中发现问题、解决问题，真正体现数据的价值。

大数据将成为科学工作者的宝藏，从数据中可以挖掘未知模式和有价值的信息，服务于生产和生活，推动科技创新和社会进步。虽然第三种范式和第四种范式都是利用计算机来进行计算，但二者有本质的区别。在第三种范式中，一般是先提出可能的理论，再收集数据，然后通过计算来验证。而对于第四种范式，是先有了大量已知的数据，然后通过计算得出之前未知的理论。

第三节　云计算与大数据的关系

云计算与大数据是一个硬币的两面，云计算是大数据的 IT 基础，而大数据是云计算的一个重要应用，作为引领未来技术变革的两项关键技术，云计算与大数据既紧密相连，又相互区别。从整体上看，两者是相辅相成的：一方面，云计算为大数据提供了技术支持和实现途径；另一方面，大数据让云计算更有价值，并推动着云计算相关技术不断更新。

一、云计算与大数据之间的联系

云计算与大数据之间存在紧密的联系，这种联系表现在多个方面，包括服务领域和关键技术。

第一，云计算和大数据均属于信息技术领域的技术和解决方案。云计算是一种基于互联网的计算模型，通过网络提供各种计算资源（包括计算能力、存储和应用程序）作为服务，以满足用户的需求。大数据则涉及收集、存储和分析大规模的数据集，以获得有价值的信息和洞察。二者都是现代信息技术领域中的重要组成部分，用于支持各种行业的应用和业务需求。

第二，云计算和大数据之间的联系体现在它们共享的关键技术方面。云计算的关键技术包括分布式技术、并行编程技术、分布式数据存储、虚拟化技术和云计算管理平台技术等。这些技术不仅用于云计算本身，还用于支持大数据的处理和分析。例如，大数据处理通常需要分布式计算框架，如 Hadoop 和 Spark，这些框架依赖于分布式技术和并行编程技术来处理大规模数据。此外，大数据的存储通常需要分布式数据存储系统，如 HDFS（Hadoop 分布式文件系统），这也是云计算中的一个关键技术。虚拟化技术在云计算中用于资源的隔离和管理，同时可用于大数据环境中的资源管理。云计算管理平台技术可以用于管理大数据处理集群的资源分配和监控。因此，从技术方面看，可以说大数据是根植于云计算的，它们共享许多相同的技术基础。

二、云计算与大数据之间的区别

云计算与大数据是两个在信息技术领域引起广泛关注的概念，它们虽然有一定的交集，但在产生背景、目的、处理对象、推动力和带来的价值等方面存在明显的区别。

（一）产生背景不同

云计算的产生是基于对计算资源获取方式的不断开发与探索。它主要是为了满足用户对灵活、按需获取计算资源的需求。云计算是随着互联网的发展以及对传统计算模型的挑战而出现的。

大数据技术的催生源于 Internet 产生的海量数据。这些数据的规模庞大，且大多数呈现半结构化或非结构化，难以使用传统的数据处理方法。因此，大数据技术的兴起是为了处理和挖掘这些数据的潜在价值。

（二）目的不同

云计算的主要目的是通过互联网以按需付费的方式向用户提供 IT 资源，以降低计算资源的生产成本。它侧重于提供计算和存储资源的可扩展性和灵活性。

大数据的主要目的是充分挖掘海量数据中的有价值信息。大数据技术关注如何处理、分析和应用大规模数据，以获取深刻的洞察和为决策提供支持。

（三）处理对象不同

云计算的处理对象是 IT 资源，包括基础设施和软件服务等。它关注资源的管理和提供。

大数据的处理对象是数据本身。大数据技术专注于数据的采集、存储、处理、分析和应用。

（四）推动力不同

云计算的推动力主要来自以互联网企业为主的云计算服务提供商和 IT 资源生产企业。这些公司追求提供更灵活、成本效益更高的计算资源。

大数据的推动力主要来自以数据存储、数据管理为主的 IT 技术厂商，以及以数据收集、数据分析为主的软件公司。它们关注如何帮助企业更好地利用数据作出决策。

（五）带来的价值不同

云计算所带来的价值包括缩小企业之间 IT 资源部署能力的差距，以及降低 IT 资源的生产和管理成本等。它有助于提高资源利用率和灵活性，但更加注重在资源层面的效益。

相比之下，大数据带来的价值则通过对社会各领域中产生的海量数据进行挖掘与分析，为生产和生活提供科学参考与有效指导。大数据的价值主要体现在数据洞察、决策支持和创新领域，有助于发现潜在趋势、改进产品和服务，以及增强竞争力。

第二章　云计算技术的原理体系

云计算是一种商业计算模型，它将计算任务分布在大量计算机构成的资源池上，使用户能够按需获取计算力、存储空间和信息服务。本章研究云计算商业价值与模式、云计算安全运营与治理、云计算绿色数据中心维护。

第一节　云计算的商业价值与模式

一、云计算的商业价值

云计算是互联网计算的一种商业模式，其凭借集中、发布、服务等特性使计算资源成为向大众提供服务的计算基础设施。云计算正在改变信息产业的现有形态，对信息技术及应用具有深远的影响。云计算的广泛普及对工业化和信息化的快速融合及国民经济发展均有积极的促进作用。云计算在短时间里逐渐被人们所接受，并得到了迅猛发展。“金融云”“农业云”“物联网云”等不断涌现，企业也纷纷搭建起了云计算平台，使得云计算成为实实在在的系统，让用户体验到具体的价值。

云计算因为自身的经济模式属性，彻底改变了传统的商业模式和业务模式，带来了不同于以往的商业价值。

（一）云计算具有规模效应

云计算是一种由规模经济效应驱动的大规模分布式计算模式，可以通过网络向客户提供其所需的计算能力、存储及带宽服务等可动态扩展的资源。

第一，服务器的规模。特大型数据中心拥有的服务器数量，是中型数据中心的 50 倍。特大型数据中心的网络、管理和存储成本，却只占中型数据中心各项成本总和的20%，而计算机规模达到上万台甚至上百万台的云计算，各项成本支出可以降至中型数据中心各项成本总和的15%。

第二，网络效应。电话网络的价值与使用电话的人数存在正向变化关系，这与互联网提供的云计算服务相同。使用互联网云计算服务的人数越多，互联网云计算服务发挥的价值就越大。Google（谷歌）拥有亿万台服务器，用户使用Google搜索产生的网络效应，构成了Google固定资产的主体。由于Google可以根据用户反馈实时修正搜索结果，这不仅提高了Google搜索结果的准确率，而且充分发挥了每位用户的参与作用，确保每位用户都可以为提高Google搜索结果的准确率作出相应的贡献。

经济学中的边际成本递减理论，可以用来解释网络效应和全球访问造成的使用效益递增现象。与软件生产相似，网络产品的复制并不减损内容，但是可以降低成本，而且产品复制次数越多，产品的边际成本就越低。边际成本降至零时，基本上可以实现经济学资本运作的最高效率。

（二）云计算具有长尾效应

所谓长尾效应，是指只要产品的存储和流通的渠道足够大，冷门产品也能取得与热门产品类似的盈利效果。产品畅销可以快速占据较大的市场份额，然而，冷门产品通过拓宽市场销售渠道，增加产品接触有效客户的频次，也可以占据与热门产品相同甚至更大的市场份额。

与传统服务相比，云计算服务的竞争优势更加明显。从经济学的成本与效益角度出发，对云计算服务进行分析可以发现，使用云计算平台开发、推广新产品，可以达到边际成本递减趋近于零。由于资源不受产品种类和服务形态限制，运营商可以在投资能力允许的范围内，利用资源的自动化配置，生产种类丰富的产品，满足不同业务的差异化需求，发挥长尾效应并从中获得持续性收益。

（三）云计算具有环保优势

云计算会带来环保方面的优势。虽然云计算的确需要消耗大量的资源，但和先前的计算模式相比，在能源的使用效率方面，云计算相对高得多。所以，从长期来看，采用云计算对环境是非常有益处的。云计算带来的环保优势主要体现在以下方面：

第一，云计算可以在不同的应用程序之间虚拟化和共享资源，以提高服务器的利用率。虚拟化服务器可以在云端共享，以至应用程序与操作系统需要的服务器数量减少，能够做到在绿色、清洁、节能、环保的基础上，实现空间资源的有效利用。

第二，计算资源集中化有助于提高效率。传统的企业数据中心工作负载运转效率极低，为了提高计算资源利用率，借助计算资源集中化实现工作负载的云端整合，可以加快数据在云计算中心的处理效率。此外，合理选择云计算中心的建设地点，也有助于降低成本、节约资源。比如，在电厂附近建设云计算中心，可以降低网络的电力耗损；在寒冷的北方建设云计算中心，可以有效节省制冷费用。

第三，云计算能够降低能源损耗。以云计算在智能电网中的应用为例，借助电力系统与信息技术的整合，电力调度与电网运行效率明显提升，将有助于改变电流在传统电网间低效传输的现象，从而有效降低电流的传输损耗。

第四，联网设备能耗降低。与台式电脑的高能耗不同，笔记本电脑、平板电脑和智能手机等移动终端，作为用户接入互联网的常用设备，在能耗方面不足传统台式电脑的 10%，这意味着能源利用效率的提升与能源消费水平的降低。

第五，云端会议减少交通污染。利用互联网接入终端实现云端会议和在线通信，为居家办公创造实现条件。个体出行次数的减少，降低了交通工具对化石燃料的消耗，从而使得交通出行造成的环境污染能够减少。

（四）云计算可以提供个性化服务

网络服务的规模与水平不同，用户的云计算需求也存在差异。考虑到信息技术部署应用与建设水平的多元化发展趋势，云计算服务为用户提供不同类型的应用组合，可以实现用户需求的个性化配置。以国内提供微世界云主机服务的云海创想信息技术为例，对于有空间存储和服务器使用需求的用户，微世界提供了一系列的基础配置云主机，共有入门级、专业级、部门级和企业级四个级别可供用户选择。用户登录微世界网站，可以自主选择基础配置云主机对应的级别，下载并完成软件安装，就能在计算机硬件上激活并使用各种服务。对于有特殊安装需求的用户，可以选择应用级别的云主机配置服务。微世界在云主机内预装好了各类应用软件，用户无须再次购买、安装这些应用软件，就能享受服务。

二、云计算的商业模式

商业模式在创新性研究中依据云计算分析，已经成为企业现代化经营建设的主要方向。[①] 云服务以互联网服务的交付使用模式为基础，并利用互联网提供的动态虚拟化资源，实现常态化运转。以用户需求为服务宗旨的云服务，将与互联网、软件、信息技术相关的扩展服务全部包括在内，使得系统的计算能力成为互联网领域常见的流通商品，因而具有极为特殊的商业价值。由于商业模式的选择能够影响企业的未来发展，提供云服务的企业必须深入探索独特的商业模式，并挖掘潜在的客户群体，才能在充满竞争对手的残酷环境中生存下来并且发展壮大。通过对国内外云计算大型公司的研究，每种云计算商业模式都有其特点和独有的方向。

（一）基础通信资源云服务

无论是终端软件，还是互联网数据中心，基础通信服务商都可以依托云平台的支撑优势，利用平台即服务模式，为软件的开发与测试提供理想的应用环境。基础通信服务商与平台合作，可以借助终端软件服务的有机整合，从而能够为终端之间提供高效、便捷的云计算服务。

基础通信资源云服务商业模式可以借助信息技术、多媒体电信业务和公众服务的云端化发展，获得理想的建构效果。（1）实现信息技术云端化发展。为了满足自身的云计算需求，降低信息技术经营成本，促进数据分析与资料备份的云端转移，有必要推动信息技术服务的云端化发展。（2）实现多媒体电信业务的云端化发展。电信业务和多媒体业务的云端化发展，有利于减轻基础通信资源云服务商业模式背后的运营压力。（3）实现公众服务的云端化发展。推动基础设施即服务、平台即服务、软件即服务的有机整合，开发基础设施资源，为个人用户和企业用户提供优质的云服务。

① 王银辉．基于云计算视野的商业模式创新性研究 [J]. 现代商业，2016(27)：137.

（二）软件资源云服务

软件供应商和硬件生产厂商联合云服务提供商，为个人用户和企业用户提供硬件维护和软件升级服务，由此形成的商业模式被称为软件资源云服务商业模式。此种商业模式的合作手段既可以是服务的简单集成，也可以是数据的存储共享。在软件即服务模式下，软件开发商可以利用工具包处理多元化的用户需求，并将数据存储在云端，方便用户访问、下载。由于该模式能够以硬件生产厂商和软件供应商提供的服务为建构基础，从用户角度出发，布局云计算终端产业链，在产品销售与盈利方面，已经取得了比较理想的效果。

围绕基础设施即服务、平台即服务、软件即服务三种模式，设计云计算整体解决方案，利用软件资源云服务商业模式，向用户提供有价值的运营托管业务，并以此作为稳定的经营来源，是云服务提供商拓展盈利渠道的前提与基础。

（三）互联网资源云服务

网络业务的多元化发展，为互联网企业拓宽交易渠道奠定了基础。为了创造安全的数据环境和便捷的沟通方式，拥有丰富服务器资源的互联网企业已经开始尝试使用云计算技术发展云端业务。互联网企业云服务的研发前沿，旨在研究用户的行为习惯，并从中获得有价值的研究方向。

以互联网企业的云计算平台为基础，借助相关服务整合，推动软件业务转型，利用云计算软件服务模式替代传统的软件销售模式，是互联网资源云服务商业模式发展的根本理念。围绕用户需求开发云服务产品，是互联网资源云服务商业模式运作的主要手段。

（四）即时通信云服务

能够有效增进用户交流的互联网即时通信软件，为用户之间实现即时沟通创造了条件。无论是文字、语音，还是文件、视频，都可以借助互联网即时通信软件促成转发与互动。

通过提供简单的编程接口，掌握移动即时通信技术，是即时通信云服务整合云端功能的前提。以云端技术为基础的即时通信系统，既能发挥自身的弹性计算功能，又可以根据开发者的需求，不受时空限制，自动完成扩容任务。此种独特的融合架构设计理念，降低了软件接入难度，能够通过客服平台直接提供基于场景的解决方案，在某种程度上促进了系统扩展能力与界面结构的定制化发展。

（五）安全云服务

为了维护网络时代的信息安全，云计算利用存储在云端的病毒特征数据库，判断未知病毒的异常行为，拦截木马病毒和恶意程序，为用户使用计算机设备提供安全保障。

当用户启动免费的云安全防病毒模式后，系统可以根据用户的网络使用习惯，为用户提供个性化的功能、服务与应用，并以此为基础实现盈利，这是安全云服务商业模式的主流路径。此外，通过与网络应用提供商以及网络建设运营商加强合作，防病毒应用软件能够做到及时发现携带木马病毒的恶意程序，为用户提供安全的网络环境。

第二节 云计算的安全运营与治理

目前，对于安全认证的研究也在不断深入，虽然安全认证机制目前已经取得一定效果，但在网络技术不断发展的今天，网络攻击技术也在不断发展，安全控制机制面临严重挑战，必须完善安全管理机制，才能更好地维护用户的信息安全。[①]

一、云计算运营的需求

从技术角度来看，云计算系统和传统 IT 系统类似，包括终端、网络设备、服务器（集群）应用系统及支撑系统等部分，传统 IT 系统中各个层次面临的安全问题（如系统的物理安全、主机、网络等基础设施安全，应用、服务安全等）在云计算环境中仍然存在。

从业务模式角度看，云计算对比传统 IT 系统的优势在于其规模经济和资源重用思想带来的成本效益。为了支撑这种成本效益，云服务商提供的服务必须足够灵活，最大限度地满足用户的需求。

① 宋静．云计算环境中应用安全认证机制研究 [J]．黑河学院学报，2022(7)：182.

但是，将安全机制集成到云服务方案中常会降低这些方案的灵活性。与传统 IT 系统相比，灵活性降低体现在，同样的安全机制部署在云计算环境中无法获得同等的效果。其主要原因在于基础设施的抽象化、缺乏可视化和缺乏集成多种熟悉的安全控制手段的能力，这一点在网络层面尤为明显，这些差异需要引起云服务商的重视。

云安全架构的一个关键特点是，云服务提供商提供云化层级越低，云用户自己所要承担的安全能力和管理职责就越多。

为描述方便，需要了解云服务的服务等级协议（SLA）安全要求。SLA 是云服务提供商和用户之间签订的服务保障承诺，是用户对云服务提供商产生信任的基础，云服务供应商和云用户之间的关系必须通过 SLA 来描述，云服务提供商整体安全运营工作将围绕 SLA 指标要求展开。

向用户承诺 SLA，则意味着在合同里需要对服务本身和提供商的服务水平、安全、管控、合规性及责任期望等有明确要求。目前存在两种类型的 SLA：可协商 SLA 和不可协商 SLA。如果采用不可协商的 SLA，则管理员需要根据协议负责这一部分。当缺少 SLA 时，系统管理人员需要控制云的所有方面。

云服务提供商首先必须保障云计算业务系统自身的安全性、可用性，然后，在满足国家安全监管、法律法规需求的基础上，保障云计算业务系统平台的运营安全，云平台安全运营内容包括：(1) 云平台物理安全；(2) 云平台访问控制；(3) 云平台数据库及配置；(4) 人员管理；(5) 云安全监控：通过安全监测、安全预警、安全响应等，实现云计算应用系统的动态安全管理；(6) 云安全审计：满足用户及云服务提供商的安全审计要求；(7) 云服务迁移、备份与恢复；(8) 云安全评估。

二、云平台物理安全

物理安全是系统防御的第一道防线，用于保证用户对实物资产的合法访问，防御物理窃取档案资料、商业秘密，防御工业间谍活动和欺诈。

(一) 环境安全

环境条件，如湿度、温度等，会对云计算平台系统的可靠运行产生影响，必须保护环境安全，减少环境风险及降低对信息未经授权的物理访问风险。

云服务提供商的设施需要通过实时控制来保护人员和资产，以保护运维环境免遭危害。这些防护设备包括但不限于温度和湿度控制器、烟雾探测器和自动灭火系统。

云数据中心应根据公布的内部标准、当地的法规或法律，配备支持特定环境的设备，包括不间断电源。应遵循电源种类、电压变化范围、电源插头类型、耗电量及接地电阻等相关技术要求。

（二）设备维护

为了确保设备持续的可用性和完整性，需要对设备定期进行维护，包括：按照供应商推荐的维修间隔和规范维护设备，仅允许授权的维修人员进行设备的维修和服务，在实际维护过程中，对所有疑似故障或实际故障进行记录。当云系统设备运往异地时，需采取相应的保护措施，如使用安全的封装，保存在安全可靠的场所，有清晰完整的运输和追踪计划，保证在此过程中操作的可追溯性。

交换设备应配置多台，网络设备与网络链路应有冗余备份。网络设备在单台故障时能够自动、及时地恢复。网络系统应支持访问控制、安全检测等一系列安全功能，应提供完整的网络监控、报警和故障处理功能。核心主机设备应采用双机热备、互备或者多机负载分担，单台主机故障时其他主机能够承担全部业务。

三、云平台访问控制

在云服务趋于应用普遍化、结构复杂化的趋势下，为更好地应对新形势下云服务面临的安全威胁，应不断完善云服务安全标准，在等级保护、云服务安全审查等制度基础上，进一步研究完善云服务安全认证机制，提高云服务安全管理水平，促进云服务产业的安全有序发展。[①]

① 张治兵，倪平，付凯，等. 云服务安全认证现状研究[J]. 信息通信技术与政策，2018(9)：55.

（一）网络安全访问控制

用户与云平台之间应进行路由控制，建立安全的访问路径，并增加适当的网络安全配置策略。

平台管理人员应根据各系统的工作职能、重要性和所涉及信息的重要程度等因素，划分不同的子网或网段，并按照方便管理和控制的原则为各子网、网段分配地址段。

应避免将重要网段部署在网络边界处或直接连接外部信息系统，重要网段与其他网段之间采取可靠的技术隔离手段；重要业务网段的边界应当部署防火墙、IPS 或用 ACL 等手段进行技术隔离。可采用如下措施加强云平台网络控制。

第一，限制管理终端对网络设备的访问。

第二，设置安全访问控制，过滤掉已知蠕虫常用端口。

第三，关闭未使用的端口，如路由器的 AUX 口。

第四，关闭网络设备不必要服务，如 FTP 、TFTP 服务等。

第五，避免在远程维护过程中出现用户账户和设备配置信息泄露，如采用安全的 SSH 登录远程维护设备。

第六，修改 BANNER 提示，避免默认 BANNER 信息泄露系统平台及其他信息。

第七，禁止管理、维护终端同时连接内网与互联网；采取必要的技术手段，防止终端的违规外联。

（二）防火墙安全访问控制

通过在防火墙上配置针对常见病毒和攻击端口的 ACL 过滤控制策略，可以有效地防止病毒或蠕虫的扩散，从而维护核心设备的正常运行。ACL 过滤控制策略能够限制网络流量，仅允许经过授权的通信通过，防止恶意攻击或未经授权的访问。这种安全访问控制的手段有助于保护云平台中的关键资源免受潜在的威胁，确保系统的完整性和可用性。

（三）云平台数据库及配置安全

数据库应支持 C2 或以上级安全标准、多级安全控制，支持数据库存储加密、数据传输通道加密及相应冗余控制。

操作系统软件应能够根据任务情况合理分配系统资源，当系统负荷过大时不会因为资源耗尽而发生宕机。

软件系统应具有容错能力，在单个进程的处理过程中出现错误时不影响整机的运行。软件系统支持在线升级功能，在不关机不中断业务的情况下实现自动或者手动升级。应用系统应具备自动或手动恢复措施，以便在发生错误时能够快速地恢复正常运行。

（四）边界防护

在云平台中，对系统间边界进行清晰的界定和防护是重要的。这包括在系统内部进行明确的区域划分和防护，以确保不司区域之间的访问受到限制。为了强化边界访问控制机制，必须加强访问控制配置，确保只有经过授权的用户或系统可以跨越系统间边界进行访问。此外，高安全等级的区域，必须使用防火墙等专门的访问控制设备进行边界防护，以最大限度地阻止未经授权的访问。

（五）人员管理

人员管理的一个重要原则是云平台管理、操作人员操作权限的最小化，降低干扰系统运行、危及云服务的风险。

角色和职责是云计算环境的一部分，通过将角色和职责、人、流程及技术集成在一起，形成了支撑用户安全的统一基础。

职责分离指要求两名以上具备不同职责的人员来完成某项操作，职责分离的优点是可以降低内部人员权限误用或滥用风险。

四、云安全监控

（一）云安全监控的内容

云安全监控的目的是确保云平台的可用性。云安全监控包括如下方面：

第一，日志监控。通过监控系统的输出日志，监控相关事件。

第二，性能监控。对网络、系统、应用等内容提供可用性、用户体验和安全性方面的监控服务。保障云计算用户的业务稳定安全运行，当平台发生故障时，及时向管理人员报警。

第三，恶意行为监控。恶意用户企图越权访问资源，某些用户对受限资源（如 CPU、内存、SAN 存储）的使用超过了公平分配的资源限制，或者在共享基础设施的其他应用中存在恶意行为，都将对其他用户产生影响。

（二）云应用的监控

对监控不同服务类型的云应用，有以下三点。

第一，对于基于基础设施即服务的应用，相比于部署在非共享环境中的应用，监控该类应用几乎是“正常的”，客户需要监控共享基础设施的事件或恶意用户对应用的无授权访问尝试。

第二，监控基于平台即服务的应用需要额外的工作。除了平台提供商提供能够监控已部署应用的监控方案外，还有两个方案可供选择：编写另外的应用逻辑来执行平台内的监控任务，或把日志发送到一个远程监控系统，该系统可以是内部监控系统，也可以是第三方监控服务。

第三，由于软件即服务应用提供最少的灵活性，监控这类应用的安全性是最困难的，云中应用监控要考虑的是：虽然提供商（或第三方云监控服务）搭建了一个监控系统来监控客户的应用，但这些监控系统正监控着几百甚至几千个用户。因此，如果用户有条件，运行只监控自己应用的自主监控系统通常会比云提供商的系统响应更快，效果更好。

第三节　云计算的绿色数据中心维护

一、绿色云计算的概念

绿色计算是在追求计算机系统性能快速发展的前提下，不断改善环境、持续提高生活质量的背景下产生的，绿色计算是本着对环境负责的原则使用计算机及相关资源的行为，绿色计算包括采用高效节能的中央处理器、服务器和外围设备，减少资源消耗，妥善处理电子垃圾。绿色计算涉及系统结构、系统软件、并行分布式计算及计算机网络，它以保证计算系统的高效、可靠及提供普适化服务为前提，以计算系统的低耗为目标，面向新型计算机体系结构和包括云计算在内的新型计算模型，通过构建能耗感知的计算系统、网络互联环境和计算服务体系，为日益普适的个性化、多样化信息服务方式提供低耗支撑环境。在计算系统的性能不断提高、可靠性不断增强，以及应用需求丰富多样的情况下，绿色计算可以更加合理、协调地利用计算资源，以低耗方式满足日益多样的计算需求。

绿色计算顺应低碳社会建设的需求，是推动社会可持续发展和科技进步的一个重要方面。从本质上说，绿色计算是一种环境友好型的计算模式，结合包括云计算在内的其他计算模式，通过构建低能耗的计算环境、合理的资源配置环境和高效的任务执行环境，来保证计算机系统的高效性和可靠性，以达到节能、环保的目的。作为一种新型的计算模式，绿色计算受到了工业界与学术界的广泛关注并取得了一定的成果。

绿色云计算就是云计算加绿色计算的概念，并结合人、环境，以及 IT 产品的完整性的生命周期，包括 IT 产品、绿色设计、绿色制造与调试、绿色应用、绿色服务与回收等一系列工作。绿色云计算指在云计算模式中，一种以环境为中心，在低碳目标的指引下，旨在构建成低能耗、节约、环保的计算机系统，其本质是实现云计算的可持续发展，最大限度地减少云系统对环境的影响，最大限度地提高计算机资源的使用效率，实现对能量消耗的最小化，最终实现人、环境和效益间的利益均衡。

二、数据中心的管理与维护

随着数据中心、超级计算、云计算等技术与概念的兴起，信息产业正经历着从商业模式、技术架构到管理运营等各方面的巨大变革。与之相应的云数据中心管理的相关话题也变得越来越热门。普通数据中心管理关注的重点是资源和业务的整合、可视化和虚拟化，而云数据中心管理关注的重点是按需分配资源和云的收费运营等。

（一）实现端到端、大容量与可视化的基础设施整合

数据中心除了传统的网络、安全设备外，还存在存储、服务器等设备，这要求对常见的网管功能进行重新设计，包括拓扑、告警、性能、面板、配置等，以实现对基础设施的整合管理。在底层协议方面，需要将传统的SNMP（简单网络管理协议）和 WMI（Windows 管理规范）、JMX（Java 管理扩展）等其他管理协议进行整合，以同时支持对 IP 设备和 IT 设备的管理。

在软件架构方面，需要考虑上万台设备对管理平台性能的冲击，因此必须采用分布式的架构设计，让管理平台可以同时运行在多个物理服务器上，实现管理负载的分担。

数据中心所在的机房、机架等也需要进行管理，这些靠传统物理拓扑的搜索是搜不出来的，需要考虑增加新的可视化拓扑管理功能，让管理员可以查看如分区、楼层、机房、机架、设备面板等视图，方便管理员从各个维度对数据中心的各种资源进行管理。

（二）实现虚拟化与自动化的管理

传统的管理软件只考虑对物理设备的管理，对于虚拟机、虚拟网络设备等虚拟资源无法识别，更不要说对这些资源进行配置。然而，数据中心虚拟化和自动化是大势所趋，对虚拟资源的监控、部署与迁移等需求将推动数据中心管理平台进行新的变革。

对于虚拟资源，需要考虑在拓扑、设备等信息中增加相关的技术支持，使管理员能够在拓扑图上同时管理物理资源和虚拟化资源，查看虚拟网络设备的面板，以及虚拟机的 CPU、内存、磁盘空间等信息；加强对各种资源

的配置管理能力，能够对物理设备和虚拟设备下发网络配置，建立配置基线模板，定期自动备份，并且支持虚拟网络环境（VLAN 、ACL 、QoS 等）的迁移和部署，满足快速部署、业务迁移、新系统测试等不同场景的需求。

（三）实现面向业务的应用管理和流量分析

数据中心存在着各种关键业务和应用，如服务器、操作系统、数据库、Web 服务、中间件、邮件等，对这些业务系统的管理应该遵循高可靠的原则，采用无监控代理的方式进行监控，尽量不影响业务系统的运行。

在可视化方面，为了便于实现 IP 与 IT 的融合管理，需要将网络管理与业务管理的功能进行对接，拓扑图上不仅可以显示设备信息，也能够显示服务器菜单运行业务及详细性能参数。另外，数据中心带来了新的业务模型，如 1：N（一台服务器运行多个业务）、N：1（多台服务器运行同一个业务）和 N：M（不同业务间的流量模型）。这些业务给数据中心的流量带来了很大的冲击，有可能造成流量瓶颈，影响业务运行。

因此，可以对诸如流量分析软件进行改进，提供基于 NetFlow 等流量分析技术的分析功能，并通过各种可视化的流量视图对业务流量中的接口、应用、主机、会话、IP 组等进行分析，从而找出瓶颈，规划接口带宽，满足用户对内部业务进行持续监控和改进的流量分析需求。

第三章　云计算关键技术研究

云计算的关键技术共同构成了云计算的基础架构，技术不断创新和发展将进一步推动云计算的普及和应用。本章探讨云计算的虚拟化技术、云计算的解决方案与实现、云计算的管理平台分析、云计算的开发技术。

第一节　云计算的虚拟化技术

虚拟化技术实现了物理资源的逻辑抽象表示，可以提高资源的利用率，并能够根据用户业务需求的变化，快速、灵活地进行资源部署。虚拟化是实现云计算最重要的技术基础。

一、虚拟化技术的概念

虚拟相对于真实，虚拟化就是将原本运行在真实环境中的计算机系统或组件运行在虚拟出来的环境中。一般来说，计算机系统分为若干层次，从下至上包括底层硬件资源、操作系统提供的应用程序编程接口，以及运行在操作系统之上的应用程序。虚拟化技术在这些不同层次之间构建虚拟化层，向上提供与真实层次相同或类似的功能，使得上层系统可以运行在该中间层之上。这个中间层解除其上下两层间的耦合关系，使上层的运行不依赖于下层的具体实现。

虚拟化技术是一种调配计算资源的方法，它将应用系统的不同层面（硬件、软件、数据、网络存储等）隔离起来，从而打破服务器、存储、网络数据和应用的物理设备之间的划分，实现架构动态化，并达到集中管理和动态使用物理资源及虚拟资源，以提高系统结构的弹性和灵活性，降低成本、改进服务、减少管理风险等目标。

虚拟化包含了三层含义：（1）虚拟化的对象是各种各样的资源；（2）经过

虚拟化后的逻辑资源对用户隐藏了不必要的细节；(3) 用户可以在虚拟环境中实现其在真实环境中的部分或全部功能。

虚拟化的对象涵盖很广的范围，可以是各种硬件资源，如 CPU、内存、存储、网络；也可以是各种软件环境，如操作系统、文件系统、应用程序等。虚拟化简化了表示、访问和管理多种 IT 资源，包括基础设施、系统和软件等，并为这些资源提供标准的接口来接收输入和提供输出。虚拟化的使用者可以是最终用户、应用程序或者是服务。通过标准接口，虚拟化可以在 IT 基础设施发生变化时，减少对使用者的影响。由于与虚拟资源进行交互的方式没有变化，即使底层资源的实现方式已经发生了改变，最终用户可以重用原有的接口。

虚拟化降低了资源使用者与资源具体实现之间的耦合程度，让使用者不再依赖于某种资源的实现，极大地方便了系统管理员对 IT 资源的维护与升级。

二、应用与桌面虚拟化

(一) 应用虚拟化

应用程序包括很多不同的程序部件，如动态链接库。如果一个程序的正确运行需要一个特定链接库，而另一个程序需要这个动态链接库的另一个版本，那么在同一个系统中这两个应用程序就会造成动态链接库的冲突，其中一个程序会覆盖另一个程序动态链接库，造成程序不可用。因此，系统或应用程序升级或打补丁时都有可能导致应用之间的不兼容。应用程序运行总是要进行严格而烦琐的测试来保证新应用与系统中的已有应用不存在冲突。这个过程需要耗费大量的人力、物力和财力。因此，应用虚拟化技术应运而生。

应用程序虚拟化安装在一个虚拟环境里面，与操作系统隔离，拥有应用程序相关的所有共享资源，极大地方便了应用程序的部署、更新和维护。通常应用虚拟化与应用程序生命周期管理结合起来，使用效果比较好。

(二) 桌面虚拟化

桌面虚拟化将众多终端的资源集合到后台数据中心，以便对企业的成百上千个终端统一认证、统一管理，实现资源灵活调配。终端用户通过特殊身份认证，登录任意终端即可获取相关数据，继续原有业务，极大地提高了使用的灵活性。

虚拟桌面的使用降低了硬件成本和管理成本，极大地节省了费用。先构建一个允许用户共享的“主”系统磁盘镜像，桌面虚拟化系统在用户需要时做镜像备份，提供给用户。为了让不同的用户使用不同的应用程序，需要创建一个共享镜像的“基准”，在这个基准镜像上安装所有应用程序，保证公司内的每一个人都可以使用。然后，使用应用程序虚拟化包在每个用户的桌面上安装用户需要的个性化应用程序。

桌面虚拟化之所以在近年成为热点，是因为相关产品的成熟度和安全性能的提高。多个 IT 巨头纷纷推出了自己的桌面虚拟化产品。

三、服务器与网络虚拟化

(一) 服务器虚拟化

服务器虚拟化是指能够在一台物理服务器上运行多台虚拟服务器的技术，多个虚拟服务器之间的数据是隔离的，虚拟服务器对资源的占用是可控的。用户可以在虚拟服务器上灵活地安装任何软件。

1. 服务器虚拟化的架构

在服务器虚拟化技术中，被虚拟出来的服务器称为“虚拟机”（VM）。运行在虚拟机里的操作系统称为“客户操作系统”。负责管理虚拟机的软件被称为“虚拟机管理器”（VMM），也被称为 Hypervisor。

服务器虚拟化通常有两种架构，分别是寄生架构（Hosted）与裸金属架构（Bare-Metal）。

(1) 寄生架构。一般而言，寄生架构在操作系统之上再安装一个虚拟机管理器，然后用 VMM 创建并管理虚拟机。VMM 看起来像是“寄生”在操作系统上的，该操作系统称为“宿主操作系统”（HostOS）。例如，Oracle 公司的 Virtual Box 就是一种寄生架构。

（2）裸金属架构。顾名思义，裸金属架构是指将 VMM 直接安装在物理服务器之上而无须先安装操作系统的预装模式。再在 VMM 上安装其他操作系统（如 Windows、Linux 等）。VMM 是直接安装在物理计算机上的，故被称为“裸金属架构”，如 KVM、Xen。裸金属架构是直接运行在物理硬件之上的，无须通过 Host OS，所以性能比寄生架构更高。

用 Xen 技术实现裸金属架构服务器虚拟化，其中有 3 个 Domain 。Domain 就是“域”，更通俗地说，就是一台虚拟机。Xen 发布的裸金属版本里面就包含了一个裁剪过的 Linux 内核，它为 Xen 提供了除 CPU 调度和内存管理之外的所有功能，包括硬件驱动、I/O、网络协议、文件系统、进程通信等所有其他操作系统所做的事情。这个 Linux 内核就运行在 Domain 0 里面。启动裸金属架构的 Xen 时会自动启动 Domain 0 。Domain 1 和 Domain 2 启动后，几个域之间可能会有一些通信，共用服务器资源。

从目前的趋势来看，虚拟化将成为操作系统本身功能的一部分，服务器关键部件的虚拟化方法包括 CPU、内存、I/O 的虚拟化。

2. CPU 虚拟化

CPU 虚拟化是指将物理 CPU 虚拟成多个虚拟 CPU 供虚拟机使用。虚拟 CPU 分时复用物理 CPU，虚拟机管理器负责为虚拟 CPU 分配时间片，管理虚拟 CPU 的状态。

在 x86 指令集中，CPU 有 0 ~ 3 共四个特权级（Ring）。其中，0 级具有最高的特权，用于运行操作系统；3 级具有最低的特权，用于运行用户程序；1 级和 2 级很少使用。在对 x86 服务器实施虚拟化时，VMM 占据 0 级，拥有最高的特权；而虚拟机中安装的 GuestOS 只能运行在更低的特权中，不能执行那些只能在 0 级执行的特权指令。为此，在实施服务器虚拟化时，必须对相关 CPU 特权指令的执行进行虚拟化处理，GuestOS 有一定权限执行特权指令。

3. 内存虚拟化

内存虚拟化技术把物理机的真实物理内存统一管理，包装成多个虚拟的物理内存，分别供若干个虚拟机使用，每个虚拟机拥有各自独立的内存空间。

为实现内存虚拟化，内存系统中共有三种地址：(1) 机器地址（MA）。真实硬件的机器地址，在地址总线上可以见到的地址信号。(2) 虚拟机物理地址（GPA）。经过 VMM 抽象后虚拟机看到的伪物理地址。(3) 虚拟地址（VA）。GuestOS 为其应用程序提供的线性地址空间。

虚拟地址到虚拟机物理地址的映射关系记作 g，由 GuestOS 负责维护。对于 GuestOS 而言，它并不知道自己所看到的物理地址其实是虚拟的物理地址。虚拟机物理地址到机器地址的映射关系记作 f，由虚拟机管理器的内存模块进行维护。

普通的内存管理单元（MMU）只能完成一次虚拟地址到物理地址的映射，但获得的物理地址只是虚拟机物理地址，而不是机器地址，所以还要通过 VMM 来获得总线上可以使用的机器地址。但是，如果每次内存访问操作都需要 VMM 的参与，效率将变得极低。为了实现虚拟地址到机器地址的高效转换，目前普遍采用的方法是由 VMM 根据映射 f 和 g 生成复合映射 $f \cdot g$，直接写入 MMU。

4. I/O 虚拟化

I/O 虚拟化就是通过截获 GuestOS 对 I/O 设备的访问请求，用软件模拟真实的硬件，复用有限的外设资源。I/O 虚拟化与 CPU 虚拟化是紧密相关的。例如，当 CPU 支持硬件辅助虚拟化技术时，往往在 I/O 方面也会采用 DirectI/O 等技术，使 CPU 能直接访问外设，以提高 I/O 性能。当前 I/O 虚拟化的典型方法如下。

(1) 全虚拟化。VMM 对网卡、磁盘等关键设备进行模拟，以组成一组统一的虚拟 I/O 设备。GuestOS 对虚拟设备的 I/O 操作都会陷入 VMM，由 VMM 对 I/O 指令进行解析并映射到实际物理设备，直接控制硬件完成操作。这种方法可以获得较高的性能，而且对 GuestOS 是完全透明的。但 VMM 的设计复杂，难以应对设备的快速更新。

(2) 半虚拟化。半虚拟化又叫作“前端 / 后端模拟”。这种方法在 Guest OS 中需要为虚拟 I/O 设备安装特殊的驱动程序，即前端。VMM 中提供了简化的驱动程序，即后端。前端驱动将来自其他模块的请求通过 VMM 定义的系统调用与后端驱动通信，后端驱动后会检查请求的有效性，并将其映射到实际物理设备，最后由设备驱动程序来控制硬件完成操作，硬件设备完成操作后再将通知发回前端。这种方法简化了 VMM 的设计，但需要在 Guest-OS 中安装驱动程序甚至修改代码。基于半虚拟化的 I/O 虚拟化技术往往与基于操作系统的辅助 CPU 虚拟化技术相伴随，它们都是通过修改 GuestOS 来实现的。

（3）软件模拟。软件模拟即用软件模拟的方法来虚拟 I/O 设备，指 Guest OS 的 I/O 操作被 VMM 捕获并转交给 HostOS 的用户进程，通过系统调用来模拟设备的行为。这种方法没有额外的硬件开销，可以重用现有驱动程序。但完成一次操作需要涉及多个寄存器的操作，使 VMM 要截获每个寄存器访问并进行相应的模拟，导致多次上下文切换。而且由于要进行模拟，因此性能较低。一般来说，如果在 I/O 方面采用基于软件模拟的虚拟化技术，其 CPU 虚拟化技术也应采用基于模拟执行的 CPU 虚拟化技术。

（4）直接划分。直接划分是指将物理 I/O 设备分配给指定的虚拟机，让 GuestOS 可以在不经过 VMM 或特权域介入的情况下直接访问 I/O 设备。目前与此相关的技术有 Intel 的 VT_d、AMD 的 IOMMU 及 PCI-SIG 的 IOV。

这种方法重用已有驱动，直接访问也减少了虚拟化开销，但需要购买较多的额外硬件。该技术与基于硬件辅助的 CPU 虚拟化技术相对应。VMM 支持基于硬件辅助的 CPU 虚拟化技术，往往会尽量采用直接划分的方式来处理 I/O。

（二）网络虚拟化

网络虚拟化是通过软件统一管理和控制多个硬件或软件网络资源及相关的网络功能，为网络应用提供透明的网络环境。该网络环境称为“虚拟网络”，形成该虚拟网络的过程称为“网络虚拟化”。

不同应用环境下，虚拟网络架构多种多样。不同的虚拟网络架构需要相应的技术做支撑。当前，传统网络虚拟化技术已经非常成熟，如 VPN、VLAN 等。而随着云计算的发展，很多新的问题不断涌现，对网络虚拟化提出了更大的挑战。服务器虚拟机的优势在于其灵活、可配置性好，可以满足用户动态的需求。因此，网络虚拟化技术紧随趋势，满足用户灵活、动态的网络结构的需求和网络服务要求，同时必须保证网络的安全性。

具体地说，由于一个虚拟机上可能存在多个系统，系统之间通信就需要通过网络，但和普通的物理系统间通过实体网络设备互联不同，各个系统的网络接口也是虚拟的，因此不能直接通过实体网络设备互联。同时，外部网络要适应虚拟机变化进行安全动态通信，拥有合理授权、保证数据不被窃取、不被伪造成为对网络虚拟化技术提出的新需求。

四、存储虚拟化

虚拟存储技术将底层存储设备进行抽象化统一管理，向服务器层屏蔽存储设备硬件的特殊性，而只保留其统一的逻辑特性，从而实现了存储系统集中、统一而又方便的管理。对比一个计算机系统来说，整个存储系统中的虚拟存储部分就像计算机系统中的操作系统，对下层管理着各种特殊而具体的设备，而对上层提供相对统一的运行环境和资源使用方式。

存储虚拟化指通过将一个或多个目标（Target）服务或功能与其他附加的功能集成，统一提供有用的全面功能服务。当前存储虚拟化建立在共享存储模型基础之上，主要包括三个部分，分别是用户应用、存储域和相关的服务子系统。其中，存储域是核心，在上层主机的用户应用与部署在底层的存储资源之间建立了普遍的联系，其中包含多个层次；服务子系统是存储域的辅助子系统，包含一系列与存储相关的功能，如管理、安全、备份、可用性维护及容量规划等。

第二节 云计算的解决方案与实现

随着云计算技术的日益成熟，进行云计算研究的公司纷纷提出自己的云计算解决方案。每个公司采用的技术不尽相同，实现的功能也各有特色，但基本上都围绕云计算的三种模式展开，以下就每种模式中的典型解决方案展开论述。

一、IaaS 模式——Amazon 云计算解决方案

Amazon（亚马逊）公司成立于 1995 年，凭借其在电子商务领域的长期技术积累，较早涉及云计算领域，推出一系列新颖、实用的云计算服务。

Amazon 提供的云服务统称为 AWS，主要包括弹性云计算服务 EC2、简

单存储服务 S3、简单数据库服务 SimpleDB、弹性 MapReduce 服务、简单队列服务 SQS 等。Amazon 公司主要采用 IaaS 模式的云计算，通过提供不同级别的虚拟机来满足用户的需求。每个虚拟机配置不同，提供的服务能力也不同。Amazon 提供的虚拟机根据硬件不同分为微型机、小型机、大型机、超大型机。

(一) 基础存储架构 Dynamo

Amazon 主要以电子商务为主，系统每天接受上百万次的访问请求，而这些访问请求大多执行的是读取、写入操作，如购物车操作、网站商品列表显示等，如果采用传统的关系型数据库，效率难免低下，为此 Amazon 推出了 Dynamo 存储架构。这种存储架构可以处理所有的数据类型，因为 Dynamo 不会识别任何数据结构，也不解析具体的数据内容，而是把数据以最原始的位的形式进行存储。

Dynamo 是一个分布式存储架构，需要把数据存储在各个节点上。如何让数据在节点上均匀分布，从而提高系统良好的可扩展性，是 Dynamo 架构需要解决的问题之一。为了使数据均匀分布在不同的设备节点上，Dynamo 采用一致性 Hash 算法。该算法首先求出各个设备节点的 Hash 值，然后把这些设备节点配置成一个环路，接着计算需要存储的数据的 Hash 值，按照顺时针方向根据 Hash 值把这些数据映射到距离其最近的设备节点上。其实，每个设备节点仅仅需要存储前驱节点和其之间的这些数据。这样也有不足之处，即每个设备节点的性能不尽相同，造成设备节点存储数据能力的差异。不过，Amazon 又提出一种改进后的一致性 Hash 算法来解决这个问题。在改进后的一致性 Hash 算法中增加了虚拟节点的概念。每个虚拟节点的计算能力基本相当，并且每个虚拟节点都属于某个实际的设备节点。设备节点根据性能的差异拥有不同数量的虚拟节点。虚拟节点随机分布在 Hash 环路中。如果数据的 Hash 值落在该虚拟节点对应的范围内，则该数据就存储在与该虚拟节点对应的物理设备节点中。改进后的算法可以让每个物理设备节点发挥其最大的性能。

Dynamo 除了提供负载均衡的功能外，还提供数据备份功能。如果某个数据被写入虚拟节点 A，那么该数据同时会被备份到虚拟节点 B 和虚拟节点

C 上，其中虚拟节点 B 和虚拟节点 C 是 Hash 环路上沿顺时针方向与虚拟节点 A 依次相邻的两个虚拟节点。也可以把虚拟节点 A 上的数据备份到三个或多个虚拟节点上，在 Dynamo 中通常备份到两个节点即可。当数据写入虚拟节点 A 时，同时进行备份操作，会使写操作延时。Dynamo 对此进行优化，即每次进行写操作时，只需把数据写入虚拟节点 A 的磁盘，同时写入虚拟节点 B 和虚拟节点 C 的内存即可。这样既保证了数据的实时备份，又保证了写入速度。

当同一份数据在 Dynamo 中有多个副本同时存在时，对该数据的同步更新并非易事，因为各个副本有可能存储在不同的节点，造成副本更新的顺序有差别。还有一些特殊情况，如存储某副本的节点暂时有故障，无法进行更新操作，待该节点故障恢复后，其他副本的数据均更新完毕，那么同一份数据最终会形成两个版本。Dynamo 为了解决这种数据冲突问题，采用了最终一致性模型。即不考虑数据更新过程中的版本一致性问题，只用保证所有更新后的数据最终版本一致即可。也就是说，Dynamo 只记录数据的更新过程，但不做出判断，由用户根据更新过程做出判断，判断完毕将结果保存在系统中。这种方式比较适合 Amazon 的零售网站系统，如用户的购物车模型、浏览记录模型等。

（二）弹性计算云 EC2

Amazon 的弹性计算云服务 EC2 是 Amazon 提供的云服务基础平台，该平台可以按照用户的需求提供虚拟的硬件设备给用户使用，让用户能够快速开发和部署应用程序。该平台提供的计算服务可以随着用户的需求发生变化。

EC2 中的虚拟的硬件设备和普通 PC 基本等同，有自己的 CPU 、RAM、硬盘、网卡等设备。用户和虚拟机的交互可以通过网络完成。EC2 的好处显而易见，因为用户不需要购买大量硬件设备，也不需要对硬件设备进行维护，只需要在 EC2 平台上配置好虚拟机即可使用，并且可以根据业务量随时增加或减少虚拟机的数量。虚拟机要想正常启动，必须用到镜像资源，镜像资源在 EC2 中称为 AMI 。AMI 中包含操作系统、用户的应用程序、配置文件等。 Amazon 提供了四种类型的 AMI，分别是公共 AMI、私有 AMI、付费 AMI、共享 AMI。公共 AMI 由 Amazon 提供，可以免费使用；私有 AMI 由用户本人和其授权的用户使用；付费 AMI 需要支付一定费用才能使用；共享 AMI 是开发者之间共享使用的 AMI 。AMI 运行起来后就形成一个实例（Instance）。基于 AMI 可以创建一个或数个实例。这些实例根据 CPU、内存、网络等方面的差异有多种类型，可满足用户的不同需求。

除了实例的计算能力之外，存储容量也是用户比较关心的问题。EC2 中采用了弹性存储块 EBS 技术。EBS 技术是专门为 EC2 设计的，可以为 EC2 提供大容量、高可靠块存储。EBS 通过让用户创建卷（Volume）来实现数据存储，卷的功能类似于硬盘，可以作为一个设备通过网络挂载到实例上。卷中存储的数据不受实例寿命的影响，当实例失效时，卷可以与实例自动解除关联，但卷中的数据仍然存在，只需要把该卷连接到新的实例上，便可以快速恢复数据。如果处理的数据比较敏感，可以手动对卷中的数据进行加密，或者将数据存储在 Amazon 加密卷中。EBS 针对卷还提供快照功能（Snapshot），当出现故障时，可以通过快照进行恢复。

（三）简单存储服务

简单存储服务（S3）主要针对开发人员提供简单持久、安全可扩展的存储服务。开发人员可以使用 S3 提供的接口，通过网络把数据存储到 S3 服务器上，也可以通过接口利用网络对 S3 服务器进行读、写、删除操作。S3 可以单独使用，也可以和 EC2 联合使用。

S3 并没有采用传统的关系型数据库来存储数据，而是采用扁平化的两层结构来存储。其中一层被称为存储桶，另一层被称为数据对象。S3 中默认每个账号可以最多创建 100 个存储桶，存储桶内可以存放任意多的数据对象。

存储桶的功能类似于文件夹，主要用来存储数据对象。存储桶的名字是唯一的，不能有重复，因为这个名字会成为用户访问数据的域名的一部分，并且这个名字必须和 DNS 兼容。

对象由两部分组成：一部分是需要存储的数据，这部分数据通常没有固定的类型；另一部分是对这些数据的描述，这一部分也被称为“元数据”。元数据通常和具体数据相关联，并不单独存在。

二、PaaS 模式——Google 云计算解决方案

PaaS 把硬件资源抽象成一个平台，统一提供给用户使用。用户不用考虑硬件节点之间是如何配合工作的，因为 PaaS 自身维护一种资源动态扩展和容错机制。但用户在 PaaS 平台进行开发时具有一定局限性，必须使用某种特定的编程环境，并遵守相应的编程规则。Google App Engine（谷歌应用引擎）是一个典型的 PaaS 平台。

Google 以强大的搜索引擎闻名全球，当然，Google 的业务不仅仅局限于搜索引擎，还有 GoogleMap、Googleearth、Gmail 等众多业务，这些业务都有共同的特点，即数据量巨大，并且这些数据的并发性、实时性都比较强。因此，Google 必须解决并发处理海量数据的问题。Google 在数百万台廉价计算机基础上构建出独特的云计算技术，很好地解决了这些问题。这些技术主要包括 Google 分布式文件系统 GFS、分布式编程模型 MapReduce、分布式结构化数据存储 Bigtable、分布式锁服务等。GFS 提供了海量数据的存储和访问机制，MapReduce 提供了对这些数据的并行处理方式，Chubby 提供了一种锁机制保证了分布式环境下并行处理的同步性，Bigtable 对分布式机构化数据提供了组织和管理功能。

（一）分布式数据处理

分布式数据处理（MapReduce）是 Google 提出的一种编程模型，主要用来并行处理海量数据。该模型首先采用“Map（映射）”过程把用户数据处理成为类似于 {key，value} 的键值对，然后采用 Reduce（简化）过程对具有相同 key 值的键值对进行处理，得到每个 key 值的最终结果，把所有 Reduce 处理的最终结果合并起来就是我们需要的数据。

在 MapReduce 编程模型中需要定义两个函数，分别是 Map 函数和 Reduce 函数。Map 函数用来对原始数据进行处理，每个 Map 函数操作的原始数据都不一样，因此多个 Map 函数可以并行执行，并且它们之间是相互独立的。Map 函数执行成功后会生成相应的键值对。Reduce 函数对 Map 函数的结果再进行处理，即每个 Reduce 函数对每个 Map 函数产生的特定结果进行一种合并操作，每个 Reduce 函数处理的 Map 函数的结果都不相同，所以

Reduce 函数也可以并行执行。Reduce 函数执行完毕产生的最终结果合并起来，就是最终我们需要的结果集。

(二) 分布式锁服务

分布式锁服务（Chubby）是一种面向松耦合的分布式系统的锁服务，通常用于为一个由适度规模的大量小型计算机构成的松耦合的分布式系统提供高可用的分布式锁服务。锁服务的目的是允许它的客户端进程同步彼此的操作，并对当前所处环境的基本状态信息达成一致。因此，Chubby 的主要设计目标是为一个由适度大规模的客户端进程组成的分布式场景提供高可用的锁服务，以及易于理解的 API 接口定义。而值得一提的是，在 Chubby 的设计过程中，系统的吞吐量和存储容量并不是首要考虑的因素。

Chubby 的客户端接口设计非常类似于文件系统结构，不仅能够对 Chubby 上的整个文件进行读 / 写操作，还能添加对文件节点的锁控制，并且能够订阅 Chubby 服务端发出的一系列文件变动的事件通知。

通常，开发人员使用 Chubby 来解决分布式系统多个进程之间粗粒度的同步控制，其中最为典型的应用场景是集群中服务器的 Master 选举。例如，在 Google 文件系统（Google File System）中使用 Chubby 锁服务来实现对 GFSMaster 服务器的选举。另外，在 Bigtable 中，Chubby 同样被用于进行 Master 选举，并且能够非常方便地让 Master 感知到其所控制的那些服务器。同时，借助 Chubby，能够便于 Bigtable 的客户端定位到当前 Bigtable 集群的 Master。此外，在 GFS 和 Bigtable 中，都使用 Chubby 最为典型的应用场景：系统元数据的存储。

在 Chubby 发布之前，Google 的大部分分布式系统使用必需的、未提前规划的方法做主从选举 (在工作可能被重复但无害时)，或者需要人工干预 (在正确性至关重要时)。对于前一种情况，Chubby 可以节省一些计算能力，对于后一种情况，它使得系统在失败时不再需要人工干预，显著改进了可用性。

熟悉分布式计算的读者都知道，在分布式系统的多个服务器中进行 Master 选举是一个特殊的分布式一致性问题，并且需要一种异步通信的解决方案。“异步通信”这个术语描述了绝大多数真实网络环境 (如以太网或因特网) 的通信行为：它们允许数据包的丢失、延时和重排。如今，异步一致性已经由 Paxos 协议解决，所有可用的异步通信的网络协议，其一致性的核心大多是 Paxos。

三、SaaS 模式——Marvel Sky 云平台

Marvel Sky 云平台系统是拥有自主知识产权、成熟商用的服务器虚拟化、桌面虚拟化的云平台软件系统，可以应用到公有云和私有云，可以全面解决“云时代”数据中心面临的升级、扩展、管理和维护等诸多困难。

Marvel Sky 云平台系统包括 Marvel Sky Server、云平台软拨号端、安卓设备接入 App 和 Marvel Sky 管理端四大部分。

Marvel Sky 云平台软件系统包括四大部分：Server、管理端、软拨号端和 App。

Marvel Sky Cloud 是与 VMware 类似的虚拟化平台，可用于公有云和私有云的平台搭建，采用快速响应的 C/S 架构。Marvel Sky 云平台是基于虚拟化、自动化和自优化等技术实现的新一代云计算运行平台，主要包括以下功能：

第一，虚拟机管理。虚拟机快速创建、删除、启动、关闭等功能；虚拟机资源信息的实时动态显示，以及查看；灵活地增加删除系统附属磁盘。

第二，模板管理。镜像模板上传和删除，且支持用户在创建模板时可以指定 CPU 类型、内存大小以及磁盘容量等功能。

第三，用户管理。用户的创建、用户绑定虚拟机、用户的权限管控；管理员一键设置选定用户 USB 权限以及系统恢复。

第四，动态资源分配。在 Marvel Sky Cloud 内嵌了资源动态分配的模块，可以根据网络、CPU 和内存工作的情况，进行动态调整资源分配，使弹性资源配置平台状态始终处于最佳状态。

第五，管理控制。可定义和配置动态集群和应用路由控制节点的各种相关参数，包括运行时的动态集群需要遵循的各种策略，并可监控这个环境的运行状态。

第六，多种操作系统虚拟能力。相对于第三方云管理平台具有占用资源少、可方便快速部署、易于维护等优点。可支持常见系统以及国内操作系统，如 Windows 系列系统、中标麒麟操作系统和苹果系统等。

Marvel Sky 云平台与弹性资源配置系统协调工作，会使整个方案系统

资源利用率、工作效率达到最佳状态，充分体现云计算在计算与性能方面的强大优势。

第三节 云计算的管理平台分析

一、云管理平台的作用与特点

云平台是提供云服务的系统，云管理平台是用来管理云平台的软件系统，是云平台管理不可或缺的工具。

云管理平台（CMP）是由 Gartner 提出的企业云战略中的一种产品形态，是提供对公有云、私有云和混合云整合管理的产品。

云管理平台是运行云计算服务的控制台，是云计算服务监控、管理、分析和优化云计算服务的重要工具，是支撑和保障云计算服务的信息化架构。目前，国外云管理平台已经形成了一个稳定的垂直细分领域，有多家厂商提供相应服务。这些厂商可分为两类：一类是以 Right Scale 为代表的从公有云管理切入的厂家，包括 CliQr 和 Scalr 等；另一类以 BMC 为代表，从基础设施管理向上延伸到云管理平台的传统厂商，包括 VMware、HPE、Dell、Redhat 等。

(一) 云管理平台的作用

1. 提供云服务功能

云计算是基于互联网的相关服务的增加、使用和交付模式，通常涉及通过互联网来提供动态易扩展且经常是虚拟化的资源。狭义云计算指 IT 基础设施的交付和使用模式，指通过网络以按需、易扩展的方式获得所需资源；广义云计算指服务的交付和使用模式，指通过网络以按需、易扩展的方式获得所需服务。这种服务可以是与 IT 和软件、互联网相关的服务，也可是其他服务。

云计算服务的管理集中体现在对云计算服务生命周期的管理。服务的生命周期在 IT 服务的标准 LTILv3 中有明确定义。LTILv3 的核心架构是基于服务的生命周期。服务的生命周期以服务战略为核心，以服务设计、服务转换和服务运营为实施阶段，以服务改进来提高和优化对服务的定位及相关的进程和项目。具体到云计算服务，这些阶段依然是必要的。在服务的实施阶段，云计算服务的子阶段包括服务模板定义、服务产品注册、服务订阅和实例化、服务运行和服务实例终结。

云计算管理平台是云计算平台上开发的，运行云计算服务的控制台，是云计算服务监控、管理、分析和优化云计算服务的重要工具，是支撑和保障云计算服务的信息化架构。

云计算管理涉及三类角色：一是云计算服务开发者，通过云计算管理平台的开发者门户来开发注册云计算服务；二是云计算服务提供者，通过云计算管理平台运营云计算服务，在满足客户需求的同时获得对应的收益；三是云计算服务使用者。使用者通过云计算服务满足其需求。云计算使用者可以通过网络来访问服务，也可以创建自己的 IT 系统通过应用接口来访问服务，还可以通过其他合作伙伴的云计算服务来消费另一个云计算提供者的服务。云计算服务是这三类角色业务的核心，而云计算管理平台是这三类角色参与云计算服务的媒介。

云计算管理平台在实施管理时通过不同的管理功能来运行并保障云计算服务，这些管理功能可以分为以下三个层次。

(1) 业务支撑服务即面向客户服务和市场营销的支撑功能，管理用户数据和服务产品。

(2) 运维支撑服务即面向资源分配和业务运行的支撑功能，保证业务的快速开通和正常运行。

(3) 管理支撑服务即向人力、财务、工程等企业管理的支撑系统，保障企业的正常运转。

由于管理支撑服务是一般 IT 服务系统所共有的，业务支撑服务提供产品目录和订阅管理，这是用户直接接触的部分。业务支撑服务还能够收集用户的概要数据，通过分析并制定贴近用户特点的服务界面和产品推荐，简化用户的使用过程。自助服务界面是云计算的特色。用户通过自助服务界面能够实现对于服务整个生命周期的管理，包括产品选择、服务订阅、服务部署、运行监控，直至服务终结，以及此过程中所发生的费用计算和缴付操作。

云计算服务的另一个显著特征是服务等级管理，即 SLA 管理。服务等级协定是服务提供者和使用者签订的关于服务提供质量的协定，直接与服务的定价相关。服务等级协定所关注的性能指标与所提供的服务密切相关，通常使用的指标包括响应时间、吞吐量、可用性等。业务支撑系统向用户提供服务等级报告，以便用户能够随时了解服务运行状况。

运维支撑服务关注服务的开通和服务的保障，它通过对资源的调度和管理来实现对服务运行的支持。对于云计算来说，服务开通涉及服务模板管理、虚拟镜像管理、服务请求管理和服务部署管理等。服务保障的管理包括配置管理、变更管理、时间管理、问题管理等。知识资产和软件许可证管理是云计算服务管理的一项重要内容，支持灵活快捷地获得业务运行所需的软件和资产。运维支撑服务的另一类重要功能是对服务性能的管理，即服务等级的监控和保障，通过监控资源的利用和服务性能表现，采用自适应调节的方式来满足服务等级的要求：支持与使用者和被管服务对象的交互；支持服务的生命周期管理；能够监控和分析流程执行状况；能够模拟并测试流程的行为；支持多用户并具高度可靠性。

事实上，随着云计算服务市场的发展，云计算运维管理将成为云计算提供商之间的竞争点。支持管理大规模、多样化的云计算服务并具有高度自动化能力的云计算管理平台将为云计算提供商带来强大的竞争优势。

2. 进行云资源管理

云管理是借助云计算技术和其他相关技术，通过集中式管理系统建立完善的数据体系和信息共享机制，其中集中式管理系统集中安装在云计算平台上，通过严密的权限管理和安全机制来实现的数据和信息管理系统。云计算运维管理的目标是可见、可控、自动化。

所谓“可见”，是指给用户和管理人员提供友好的界面和接口，以便他们能够操作和实施相应的功能。当前的云计算系统普遍使用图形界面或 REST 类接口。通过这些界面或接口，用户可以提交服务请求，用户和管理人员可以跟踪查看服务请求的执行状态，管理人员可以调控服务请求的执行过程和性能表现，服务质量与资源使用状况的统计也可以通过直观的图表形式表现出来。

所谓“可控”，是指在运行管理的过程中整合人员、流程、数据和技术等因素，以确保云计算服务满足合同约定的服务等级，保证云计算提供商提供服务的效率从而维持一定的盈利能力。可控性关注的方面包括：根据最佳时间经验响应用户的服务请求并确保服务过程符合组织流程，确保服务提供的方式符合公司的运营政策，实现基于使用的计费管理，实现符合用户需要的信息安全管理，实现资源使用的优化，实现绿色的能源管理。

所谓“自动化”，是指云计算服务的运维管理系统能够自动地根据用户请求执行服务的开通，能够自动监控并应对服务运行中出现的事件。更进一步，自助服务是自动化在用户订阅和服务配置方面的体现。在实现“自动化”的过程中，需要关注的主要方面包括：自助服务的方式和自动化的服务开通；自动的 IT 资源管理以实现优化的资源利用；根据用户流量的变化实现服务容量的自动伸缩；自动化的流程以实现云计算环境中的变更管理、配置管理、事件管理、问题管理、服务终结和资源释放管理等。

为了达到云计算服务运行管理的上述目标，云计算提供商需要建立相应的运维管理系统。运维管理系统的功能应该从云计算管理的目标出发，充分考虑云计算服务和计算资源的特点。例如，虚拟化资源可以实现灵活编排和调用，自动化技术保证管理流程的快速高效等。运维管理系统的核心管理对象是云计算服务本身，它围绕云计算服务从开通到终结的整个周期展开工作。

从 IT 管理技术的发展来看，云计算的管理也突破了传统的 IT 管理理念。传统的 IT 管理关注资源的管理，从底层资源的角度出发来保障业务和性能。云计算首先关注服务本身的性能，需要从服务性能的角度来调整和优化支持服务的资源供给方案。因此，云计算的管理是由底向上和由上到下的管理理念的结合。云计算的管理应该考虑到基础设施资源和技术的发展、业务特征和运维服务等因素，建构标准的、开放的、可扩展的云计算管理平台。

3. 对云成本进行控制

在企业内部广泛推行云平台和自助服务后，一个必然的挑战是如何控制好企业的云成本。由于云平台提供了“无限量”资源，并按需付费，这给业务团队在使用过程中造成资源浪费提供了非常大的可能性。云管理平台的重要功能之一是能够帮助企业管控好云成本，并提供成本优化建议。一般来说，云管理平台提供的云成本管理包括费用分析和可视化、费用预测、费用分摊、费用优化等方面。

(二) 云管理平台的特点

云管理平台是以 IaaS 平台、PaaS 平台、SaaS 平台的各类云资源作为管理对象，实现全服务周期的一站式服务，支持跨异构系统，进行多级云资源管理的系统，云管理平台包括云资源的调度、管理、监控、服务和运营管理。云管理平台的特点如下：

第一，降低桌面维护成本。基于服务器运算架构能够大幅降低前端设备的运算需求，从而延长原有 PC 终端的使用寿命，节省大量桌面 PC 的投入成本。桌面和应用集中管理和维护使得 IT 部门的人员在后台通过管理，即可向所有用户交付个性化的桌面，同时满足不同类型用户的需求，快捷、方便、安全。

第二，提高数据安全性。云终端只配备键盘、鼠标动作以及显示界面，用户数据没有传递到客户端，用户数据、缓存、Cookie 等全部在中心服务器的受限环境中。奇观科技的企业安全云还含有多种加密的存储和传输技术，客户端的操作感觉虽然就像在本机操作一样，但如果没有得到权限许可，使用者就不得进行常规修改、备份、打印等操作。所以，在高校实验室或企业内部使用云桌面，可以抵御可能危及 Web 应用安全性和性能的分布式拒绝服务、蠕虫和病毒工具以及应用级的入侵。

平台分权限和级别对接入用户的操作进行了检测和管控，这种特性在企业应用场景中十分适合，当企业需要按部门对员工使用外设的情况进行限制时，企业级云服务平台解决方案可以适时打开此功能来满足企业的需求，保证企业私有环境中数据的安全性。

第三，简化桌面管理。企业安全云解决方案，将桌面作为一种按需服务随时随地交付任何用户。利用奇观科技 Marvel Sky 独特的传输技术，可以快速而安全地向高校或企业内的所有用户传输单个应用或整个桌面。用户可以通过云终端灵活地访问他们的桌面。IT 人员只需管理操作系统、应用和用户配置文件的单一实例，大大简化桌面管理。

第四，服务器集中管控、分布式计算。在数据中心对所有的虚拟云桌面进行统一的高效维护，无须特定的分发软件即可实现对桌面的统一安装和升级，大大降低维护桌面的费用。应用管理更加简单、管理员在服务器端进行统一管理，就可以将最新的桌面更新交付所有终端用户。

分布式计算即采用分布式多节点集群的架构方案，对应每个实验室部署一套服务器集群，由一个控制节点和若干个计算节点构成分别支撑实验室内部虚拟机的调度与运算。以一个实验室为单位构建实验室内部网络，作为整体网络中的一个子网，避免外部网络数据的干扰。单点服务器的故障并不会影响整体方案的运行以及用户的体验。

第五，基于虚拟化的云管理平台提供弹性资源池。Marvel Sky 虚拟化平台软件将服务器、存储等虚拟化成弹性资源池。资源池的存储以及计算资源均可以实现按需所取，动态调配。对于系统而言，其可以动态调整资源的利用，实现资源的合理分配及利用率最大化；对于用户来说，其可以获取定制化的虚拟桌面，并且能够根据其需求变化申请对云桌面的调整，桌面具有很强的灵活性。

二、云管理平台技术

（一）Libvirt 组件

Libvirt 是由 Redhat 开发的一套开源的软件工具，目标是提供一个通用和稳定的软件库来高效、安全地管理一个节点上的虚拟机，并支持远程操作。 Libvirt 可便于使用者管理虚拟机和其他虚拟化功能，如存储和网络接口管理等。Libvirt 的主要目标是：提供一种单一的方式管理多种不同的虚拟化提供方式和 Hypervisor。

Libvirt 提供了统一、稳定、开放的源代码的应用程序接口（API）、守护进程（Libvirtd）和一个默认命令行管理工具（Virsh），提供了对虚拟化客户机和它的虚拟化设备、网络和存储的管理。它还提供了一套较为稳定的 C 语言应用程序接口。目前，在其他一些流行的编程语言中也提供了对 Libvirt 的绑定，在 Python 、Perl 、Java 、Ruby 、PHP 、OCaml 等高级编程语言中已经有 Libvirt 的程序库可以直接使用。

Libvirt 作为中间适配层，屏蔽了不同虚拟化的实现，提供统一管理接口。用户只关心高层的功能，而 VMM 的实现细节，对于最终用户是透明的。 Libvirt 就作为 VMM 和高层功能之间的桥梁，接收用户请求，然后调用 VMM 提供的接口，来完成最终的工作。另外，Libvirt 对不同的 Hypervisor 提供了不同的驱动，包括对 Xen 的驱动等。在 Libvirt 源代码中，可以很容易找到驱动程序源代码文件。

1. Libvirt 的主要功能

Libvirt 是目前使用最为广泛的对 KVM 虚拟机进行管理的工具和应用程序接口（API），而且一些常用的虚拟机管理工具（如 virsh、virt-install、virt-manager 等）和云计算框架平台（如 OpenStack、OpenNebula、Eucalyptus 等）都在底层使用 Libvirt 的应用程序接口。Libvirt 的主要功能如下。

（1）虚拟机管理。包括不同的领域生命周期操作，如启动、停止、暂停、保存、恢复和迁移。支持多种设备类型的热插拔操作，包括磁盘、网卡、内存卡和 CPU。

（2）远程机器支持。只要机器上运行了 Libvirt Daemon，包括远程机器，所有的 Libvirt 功能均可访问和使用。支持多种网络远程传输，使用最简单的 SSH，不需要额外配置工作。比如，example.com 运行了 Libvirt，而且允许 SSH 访问，SSH 连接后的命令就可以在远程的主机上使用 virsh 命令行。

（3）存储管理。任何运行了 Libvirt Daemon 的主机都可以用来管理不同类型的存储，创建不同格式的文件映像（qcow2、vmdk、raw 等）、挂接 NFS 共享、列出现有的 LVM 卷组、创建新的 LVM 卷组和逻辑卷、对未处理过的磁盘设备分区、挂接 iSCSI 共享等。因为 Libvirt 可以远程工作，所有这些都可以通过远程主机使用。

（4）网络接口管理。任何运行了 Libvirt Daemon 的主机都可以用来管理物理和逻辑的网络接口。可以列出现有的接口卡，配置、创建接口，以及桥接、Vlan 和关联设备等。

（5）虚拟 NAT 和基于路由器的网络。任何运行了 Libvirt Daemon 的主机都可以用来管理和创建虚拟网络。Libvirt 虚拟网络使用防火墙规则作为路由器，让虚拟机可以透明访问主机的网络。

2. Libvirt 的体系结构

为支持各种虚拟机监控程序的可扩展性，Libvirt 实施了一种基于驱动程序的架构，该架构允许一种通用的 API 以通用方式为大量潜在的虚拟机监控程序提供服务。Libvirt 的控制方式有以下两种。

（1）管理应用程序和域位于同一节点上。管理应用程序通过 Libvirt 工作，以控制本地域。

（2）管理应用程序和域位于不同节点上。该模式使用一种运行于远程节点上、名为 Libvirtd 的特殊守护进程。当在新节点上安装 Libvirt 时该程序会自动启动，且可自动确定本地虚拟机监控程序并为其安装驱动程序。该管理应用程序通过一种通用协议从本地 Libvirt 连接到远程 Libvirt。

（二）QEMU

QEMU 是运行在用户层的开源全虚拟化解决方案，可以在 Intel x86 机器上虚拟出完整的操作系统，其性质与 VMwareplayer 类似，由于 QEMU 工作在用户层，所以很多硬件的特权指令、内核操作无法实现，所以在性能上表现比较差，一般都会配合使用 KVM 作为底层接口来完成虚拟化。

QEMU 主要提供两种功能给用户使用：一是作为用户态模拟器，利用动态代码翻译机制来执行不同于主机架构的代码；二是作为虚拟机监管器，能模拟整个计算机系统，包括中央处理器及其他周边设备，它使得为跨平台编写的程序进行测试及除错工作变得容易。QEMU 在模拟全系统时，能够利用其他 VMM 来使用硬件提供的虚拟化支持，创建接近于主机性能的虚拟机。

QEMU 主要特点包括：（1）默认支持多种架构；（2）可扩展，可自定义新的指令集；（3）开源，可移植，仿真速度快；（4）在支持硬件虚拟化的 x86 构架上，可以使用 KVM 加速配合内核 KSM 大页面备份内存，速度稳定远超过 VMware ESX；（5）增加了模拟速度，某些程序可以实时运行；（6）可以在其他平台上运行 Linux 的程序；（7）可以储存及还原运行状态（如运行中的程序）；（8）可以虚拟网络卡。

第四节　云计算的开发技术

一、云平台开发技术

（一）云平台开发原则、目标与标准

1. 开发原则

（1）标准化。为保障方案的前瞻性，在设备选型上力求充分考虑对云服务相关标准的扩展支持能力，保证良好的先进性，以适应未来的信息产业化发展。

（2）高可用。为保证业务不中断运行，网络整体设计和设备配置上都应该按照双备份要求设计。在网络连接上消除单点故障，提供关键设备的故障切换。关键设备之间的物理链路采用双路冗余连接，关键主机可采用双路网卡来增加可靠性。全冗余的方式使系统达到电信级可靠性，要求网络具有设备 / 链中故障毫秒的保护切换能力。

（3）增强二级网络。云平台需要二层网络支持。随着云计算资源池的不断扩大，二层网络的范围正在逐步扩大，甚至扩展到多个数据中心内，大规模部署二层网络则带来一个必然的问题，就是二层环路问题。采用传统的 ST- P+VRRP 技术部署二层网络时会带来部署复杂、链路利用率低、网络收敛时间慢等问题，因此网络方案的设计需要重点考虑增强二级网络技术（如 IRF/ VSS、TRILL 等）。

（4）虚拟化。应有效开展服务器、存储的虚拟资源池技术建设，网络设备的虚拟化也应进行设计实现。

（5）高性能。云服务流量模型从纵向流量转换成复杂的多维度混合方式，整个系统具有较高的吞吐能力和处理能力，满足 PB 级别的数据处理请求，具备对突发流量的承受能力。

（6）开放接口。系统提供开放的 API 接口，云计算运行管理平台能够通过 API 接口、命令行脚本实现对设备的配置与管理。

（7）绿色节能。不仅要考虑本身能耗比较低，而且要考虑其热量对空调散热系统的影响。应采用低功耗的绿色网络设备，采用多种方式降低系统

功耗。

2. 开发目标

(1) 支持 PB 级数据存储，保障访问高速、安全。

(2) 完善的容灾备份机制。

(3) 提供完整的故障预警和处理机制。

(4) 提供弹性计算、自动扩充存储空间功能。

(5) 提供数据挖掘、数据分析和数据展现工具。

(6) 部署内容分发网络（CDN）。

3. 开发标准

在云平台规划过程中，应符合以下标准：

(1) 计算资源按需提供：需要时增加，不需要时释放。

(2) 硬件设备动态增减：硬件设备可动态增减，而非一次性硬件投入。

(3) 应用服务弹性计算：负载高时提供更多的标准化应用，负载少时减少使用数量，释放计算资源。

(4) 计算资源可定制服务：计算资源能够通过定制的方式进行使用。

(5) 计量服务：对云平台上的计算资源进行计量使用，能够有效统一产品运行过程中的各项成本投入。

(6) 应用程序可定制化：通过配置好的应用程序模板，用户能够快速定制所需要的应用程序，最终拼接成产品解决方案。

(7) 提供量化的可视监控报表：能够根据系统运行的累加时间和系统使用的计算资源量进行查询。

(二) 云平台开发实施与部署

1. 私有云平台实施流程

私有云平台建设包含云平台软件产品模块、硬件设备投入、机房建设或租用、云结构和功能实现等多个环节的步骤，所以需要按计划分步骤循序渐进地实施。

(1) 商务立项。正式决定和选择私有云平台，并按照独立的项目流程进行。

(2) 需求调研。按照部署规模和对云平台服务能力的定位，进行需求整理，其中包含需要额外开发的云模块和功能。

(3) 选择云模块产品。定位云平台底层技术框架，尽量选用高性能和贴近云平台服务能力的集成云模块。

(4) 选择云产品供应商。与供应商技术交流后，选择适合的云产品供应商。

(5) 合同签订。与云产品提供商或云开发商签订商务合同。

(6) 制订部署计划。制订部署和开发私有云过程中需要的项目计划或开发计划、测试时间、上线时间等。

(7) 实施部署。按自建云方案中的硬件设备要求，购买服务器和所有需要的硬件设备以及互联网环境，待硬件上架后，云产品部署和云功能开发进度可以同步进行实施。

(8) 云平台试运行。提出试运行计划，其中包含试运行的时间范围和云功能，按照开发和测试环境需要的条件，对云平台进行试运行。

(9) 出具上线和验收标准。按照云服务能力的定位，出具安全性、功能性、可用性等多个方面的验收标准。

(10) 项目验收。与云开发商和产品提供商实施功能演示，对验收标准和方案中所有功能模块和案例进行系统的演示操作。

(11) 上线通知。全单位通告云平台建设并满足上线标准，按照合同与云产品提供商和开发商完成商务部分的其他协议内容。

2. 公有云使用部署流程

公有云平台提供基于虚机托管的 IaaS 服务与支持新的云计算应用开发部署的 PaaS 平台，用户可以动态调整实际 IT 资源大小，用户按照实际的 IT 资源使用量进行付费。

(1) 商务立项。正式决定和选择公有云平台，并按照独立的项目流程进行开展。

(2) 需求调研。按照部署规模和对云平台服务能力的定位，进行需求整理，并以此评估大致的使用资源量。

(3) 选择公有云服务商。与服务商技术交流后，选择适合的服务商。

(4) 合同签订。与公有云服务商签订商务合同。

(5) 规划设计。根据需求调研编写产品部署架构设计方案、项目实施计划、测试时间、上线时间等。

(6) 实施部署。根据项目实施计划和产品部署方案架构进行产品的部署。

(7) 云平台试运行。提出试运行计划，其中包含试运行的时间范围和功能，按照开发和测试环境需要的条件，对公有云平台进行试运行，调整公有云服务使用方式。

(8) 上线通知。全公司通告产品正式上线到云端，按照合同与服务商完成商务部分的其他协议内容。

二、虚拟云开发技术

虚拟云是一款关于云架构的系统开发软件，它拥有稳定的硬件资源，可以实现云架构、云应用等。云计算使得企业明显减少了硬件资源的投入，而且使企业拥有了比较高端的技术，可以搭建自己的网站和实现互联网的服务和应用。此处以 VMware 为例讲解虚拟云。VMware 公司是全球桌面到数据中心虚拟化解决方案的领导厂商。VMware 可以降低客户的成本和运营费用、确保业务持续性、加强安全性并走向绿色。VMware 在虚拟化和云计算基础架构领域处于全球领先地位，为客户降低复杂性以及通过更灵活、敏捷的交付服务来提高 IT 效率。 VMware 提供的方法可在保留现有投资并提高安全性和控制力的同时，加快向云计算的过渡。

(一) 服务器虚拟化 vSphere

vSphere 是 VMware 公司推出的一套服务器虚拟化解决方案，是业界领先且最可靠的虚拟化平台。vSphere 将应用程序和操作系统从底层硬件分离出来，从而简化了 IT 操作。vSphere 的核心组件有 ESXi 和 vCenter。

VMware vSphere 采用裸金属架构，直接安装在为虚拟化提供资源的各个主机服务器的硬件上，可让每台服务器同时承载多个高安全、可移动的虚拟机。虚拟机平台可以完全控制为各个虚拟机分配的服务器资源，并提供接近物理机的性能以及企业级的可扩展性。

虚拟化平台可提供细致的资源管理功能，并能在运行中的虚拟机之间共享物理服务器的资源。这不仅最大限度地提高了服务器的利用率，还确保了各个虚拟机之间保持隔离状态。虚拟机平台内置了高可用性、资源管理和安全性等特性，这些特性为应用程序提供了比传统物理环境更高的 SLA（服务等级协议）。

（二）云桌面 Horizon

近年来，随着虚拟化和云计算被广泛引入企业的数据中心，与企业业务密切相关的上层应用已经逐渐脱离底层硬件的约束，能够灵活、高效、动态地使用底层被抽象、池化的物理资源。同时，这些包括计算、存储、网络在内的基础资源也可以自动化地被管理，并以服务的形式交付不同的业务部门。

企业引入桌面虚拟化技术之后，桌面和应用同样可以以服务的形式被交付，利用软件定义的数据中心的各种优势功能，实现桌面的集中管理、控制，以满足终端与个性化、移动化办公的需求。

虚拟化平台生成的虚拟机使用统一的虚拟硬件封装技术，即使是在异构的服务器上安装标准的服务器虚拟化软件，生成的虚拟机都是用统一的虚拟硬件驱动，管理员不再需要维护庞大多样的驱动程序库。

使用虚拟机模板技术进行虚拟桌面的快速克隆，并可以利用增量磁盘技术节省磁盘空间，缩短虚拟桌面的部署时间。只需要更新桌面模板，通过集中的控制台为虚拟桌面指定新的虚拟机版本即可批量完成虚拟桌面操作系统的更新。

桌面虚拟化的基础镜像类似以往的物理机 Ghost 镜像，管理员可以在基础镜像中安装大众所属的应用程序，当需要对应用程序进行更新时，只需要更新系统模板，用户即可以得到一个全新的桌面。

桌面虚拟化平台可以与 AD 集成，所有的 AD 对象信息，如用户、计算机、组织单位、用户组都可以被桌面虚拟化平台使用。管理员需要对桌面池进行授权时，只需要在桌面虚拟化控制台上对所需的用户或用户组进行授权即可。

通过桌面虚拟化自带的策略，可以很容易地实现数据的防泄露。同时，因为数据驻留在数据中心，用户终端上并没有任何的数据驻留。集中化对于数据保护更有效率。

第四章　云计算技术创新应用探索

云计算技术的蓬勃发展在当今数字化时代掀起了一场技术革命，为各行各业带来了前所未有的变革和机遇。基于此，本章探究基于云计算的工程造价管理云平台、基于云计算的智能电网的调度系统建设、基于云计算平台的人力资源共享服务设计。

第一节　基于云计算的工程造价管理云平台

一、工程造价管理云平台的需求

现阶段，工程造价管理对市场价格、信息等的需求迫切，具体如下：

第一，在这个工程造价信息管理平台上，工程造价管理机构能够快速得知造价人员在工作开展过程中都遇到了哪些困难，对他们的需求做出充分了解，能够为该领域的发展提供有力的支持。

第二，借助该信息共享的平台，用户可获取专业、权威造价数据，打造全新信息交互方式，推动造价领域信息共享，激励造价人员将实践经验进行分享，有利于造价人员专业水平提升。

第三，能够对先前的已完工程的造价信息做出深入了解，进一步挖掘潜在的理论知识与实践经验，可以为以后的新项目提供科学的指导。

第四，有利于工作效率的大幅提升，提高信息更新速度，从而使造价人员希望及时获取可靠、有效信息的需求得到全面满足。

第五，促进行业创新水平的提升，能够让关于行业信息预测、集成等的相关研究人员实现将理论尽快付诸实践。

第六，突破地域、专业方面的限制，破除长期以来形成的机构壁垒，使用者能够得到各种相关的信息。

第七，使用者能够从计算机软硬件设施中得到解脱，没有必要再致力于对后台的运行维护工作，可以将更多的精力放在专业知识的创造上。

二、工程造价管理云平台选择

云平台需要大量的基础设施予以支持，主要由三个部分组成，分别是服务器搭建、虚拟网络设置、存储设备连接，国内不少电商就具备提供完善的云服务的能力，可以根据自己的需要从中选择，如阿里云、腾讯云、新浪云、华为云都拥有先进的云计算技术。

阿里云在服务方案设计方面最全面，无论是最基础的服务器还是各种应用软件，都为用户提供了比较健全的解决方案，且用户规模庞大，拥有完备的基础设施，同时设计了非常完善的功能。腾讯云起步要相对晚一些，且具有单一的功能。新浪云自成立至今已经有不少年头，具有的功能比较齐全，然而技术门槛相对较高，同时不能为用户提供域名绑定备案服务。华为云的内部用户比较缺乏，生态布局不具有合理性，市场占有率低，服务功能有限，具有一定劣势。综上，阿里云在功能服务、配套设施建设方面都相对更强，不但支持 SaaS 软件，而且需求、设计、开发、测试、运维等所有环节的服务都能得到良好应用。

飞天平台是阿里云全力打造的开放云平台，该平台最底端构建是基于数据中心的服务器集群，是各项云服务功能实现的重要基础；蓝色区域是平台内核部分，由八个部分组成，对基础设施进行管理，对该平台的运行、部署、调度、安全等起着重要的支撑作用；绿色区域代表该平台搭载的各种免费应用，为用户提供免费服务体验；黄色区域代表开放服务，包括弹性计算服务、云服务引擎、存储服务。

在飞天架构的基础上，阿里云研发出计算存储等一些行业解决方案。借助自身较强的服务存储能力，在基因检测、自动驾驶、新能源等多领域建立高性能云平台，为其提供具备高吞吐、高容量存储与高计算性能的云服务，建立线上、线下、混合云等多渠道，使上述领域在不同场景的需求都可得到满足。

阿里云面向处于多个场景下不同领域的用户提供较为完善的云存储解决方案，具有更加完善、无缝上云、安全稳定的独特优势，为公司向数字化转型以及上云打下了数据方面的基础。另外，阿里云为了满足更多用户的个性化需求，还提供了 SaaS 上云数据库、数据库安全、云上大数据仓库三种具有特色的解决方案，以更好地达到造价管理云平台当初构建的目的。

三、工程造价管理云平台的构建

在确定云平台需求与整体架构的基础上，对平台的功能、部署进行设计。

(一) 功能设计

对标准化模块进行科学的设计，应借助云平台的数据中心，在标准化硬件的基础上，通过建立完善的模块化架构来完成设计工作。平台通过对几个相同的基础设施模块和设备进行有效的整合，使其能够达到负载均衡、可扩展、可增长、快速更换硬件等的效果。

在科学设计的标准化模块下，让采购、收购、部署、运营、维护等多个环节达到大规模运作的水平，从而使前期投资、运营成本得到大幅降低。在设计工程造价管理标准化模块过程中，应结合工程造价管理的需要对其具有的功能进行划分，不仅包含各个系统管理模块，而且具有云服务的功能，同时还展示人工、材料、设备的价格信息，这些都属于造价管理的核心模块，还能对其做出扩展增容，从而让该平台拥有更多的管理模块。在企业管理中，云造价管理架构仅仅是其中的一部分，是无法独立存在的。在这种情况下，云具有的广泛性优势不能充分体现，别的部门应同造价管理部门进行良好的沟通，以形成多部门的联动效应，进而建立一个健全的管理系统。所以，基于云的造价管理无法独立存在，应同多个部门建立密切的联系才行，如工程、生产、技术、设计、营销等，只有形成多部门联动效应，才能提供最佳的信息化服务。

1. 数据分析

作为平台有效的信息采集渠道，数据交互模块具有以下三个功能。

（1）用户可通过原始数据上传功能，将工程造价相关信息以标准化格式上传至平台。基础服务器会对获取的信息进行属性分类，而数据库负责存储这些信息。这项功能是一种有效的散乱市场信息采集渠道，具备大范围、多层次的显著特征。这种方式取得了信息数量和内容方面的优势，平台并不具体规定上传内容和形式，以便挖掘更大的信息价值。

（2）在“数据交互”模块中设计了供应商报价功能，使供应商能够通过平台提供材料报价信息。这项功能确保市场价格得到真正体现。供应商只需注册并登录，填写材料属性特征和价格至标准表格，点击上传按钮即可完成。对于规格型号相同的材料，只需填写一次属性特征，平台将永久记忆，之后只需更新价格，为用户提供了便利。

（3）数据下载功能需要用户拥有相应的云平台权限。用户登录云平台后，系统会根据注册信息判断其下载权限，用户也可通过完成任务获取更多下载量。普通用户通常只有基本信息的下载权限，如市场价格、已完工程初始信息和基本政策法规。只有具备信息服务和定制服务权限，平台才会开放更高等级的下载服务。用户可以将数据直接下载到电脑保存，也可以存放在平台提供的云存储空间中，方便随时查阅。

2. 云服务

云服务是根据云计算技术自身具有的独特特征，设计了以下三个功能。

（1）信息共享功能只对具备相应权限的用户开放，登录平台后用户能够查阅项目信息，实现平台获取的大量信息的共享。

（2）造假审核功能通过对用户输入的数据进行综合分析，挖掘出异常数据信息，为工程量计量与计价的准确性提供全面保障。

（3）工作交互功能利用云平台、互联网等媒介，以“文档管理”“任务流程”“BIM 协作”“团队沟通”为核心，构建虚拟项目协作环境。该环境能够合理匹配工程项目中的人员、数据、流程，实现团队管理、成员间信息交流、项目图档的集中存储与分享、BIM 的可视化交流等多个目标。同时，还能协调和跟踪设计的多个任务流程。

3. 消耗量分析

用户通过登录平台，将定额库、已完工工程实际损耗的数据输入进去，同时应对工程计量予以明确，平台会对该项目损耗量进行自动计算，从而使造价人员的负担大大减轻。

4. 平台服务与管理

结合不同项目的特点，平台通过信息集成设计了多个功能模块，能够为用户提供自动分析各项数据信息的服务。在平台的运营管理方面，设计了用户、系统、配置三个模块。

用户模块根据用户身份赋予相应的权限，不同权限的用户能够查看不同内容。这样的设计能够更好地满足用户的需求和角色。

系统管理涵盖负载均衡、可扩展性和云安全三个方面。负载均衡确保系统资源分配均匀，提高整体性能；可扩展性则保障系统能够适应不同项目规模和需求的变化；云安全方面则着重保障平台在云环境下的数据和操作的安全性。

配置管理模块则负责在必要时修订各项参数信息，确保平台能够灵活应对不同项目的需求和变化，提高系统的适应性和可维护性。这三个模块共同构成了一个完善的平台管理体系，为用户提供了全面而可靠的服务。

（二）平台部署

完成平台设计后，部署方案的选择对成本、信息安全和可靠性等因素进行全面考量后，才能做出最终决策。一般有公有云、私有云和混合云三种不同的部署方式。为了汇集规模庞大的国内工程造价信息，云平台需要具备超强的存储能力和高运算速度。建设大量基础设施是实现理想效果的关键。如果由平台搭建者来建设，通常前期投资过大且不够经济，而使用公有云可以解决这个问题，无须支付过高的成本即可实现。此外，平台的设计定位于服务国内所有工程造价人员和管理人员，这些用户基数大、分布广泛，可能会出现访问高峰或低谷的情况。公有云具有可伸缩的优势，能够有效满足这样的需求。所有发布、上传和下载的数据信息不涉及隐私，均为完全对外开放的指导信息，因此使用公有云不涉及信息安全问题。同时，在防火墙等安全技术快速发展的情况下，信息安全方面的问题无须过分担忧。因此，公有云部署方式在满足成本效益、信息安全和可伸缩性等需求方面都是合适的选择。

与别的平台部署方式相比，公有云相对弱一些，然而其目前已经具备了很强的业务承载能力、非常成熟的技术、完备的基础设施、较低的运营维护成本等多个方面的优势，可以为用户提供 IaaS 服务，拥有多年相关的平台管理经验以及先进的技术。与搭建私有云相比，公有云能够大大降低前期的基础设施投资，同时可以降低相应的运营维护成本。

第二节　基于云计算的智能电网的调度系统建设

一、智能电网调度系统概述

（一）智能调度的提出

调度系统是智能电网的神经中枢，是保障电网安全可靠和稳定经济运行的三大支柱之一，同时是电力系统控制自动化程度最高的部分。随着电网不断地发展，电网的运行管理和需求水平也随之提高，电力生产运营对调度中心系统的要求也越来越高。电力运行调度将能够实现自适应调整动态化、协调控制一体化、统筹计划精细化、流程管理高效化、信息通信网络化等功能，形成信息化、自动化、互动化的分布式一体化的智能调度决策中心。

智能调度是通过调用各种先进现代化技术，面向电力企业的调度计划、建模、测量、分析、决策、控制和管理生产全过程的实现，形成以前瞻性、自动化、自适应性、自学习性、自优化性、柔性、敏锐性、鲁棒性为主要特征的智能化的电力调度。其实质是在智能电网运行生产业务中，充分应用信息、通信、快速测量、人工智能、分析和控制等先进技术，保障电力系统的安全、高效、优质、经济、环保的运行。

（二）智能调度优势表现

智能调度中心和传统调度中心相比存在着较大的区别，智能调度的优势具体表现在以下方面。

1. 可控资源更广

传统电网中主要的可控资源仅仅局限于发电资源，而随着可再生能源的大量接入和分布式发电的应用，发电变得越来越不可控；智能电网中的可控资源不仅仅是发电资源，还包括储能装置、负荷和基于电力电子技术的可控输、变电设备。

2. 可观测性更强

传统电网的 FTU、RTU 等监测装置通常装设在馈线或变电站处，对用户的非实时运行信息一无所知；智能电网在数据共享平台和高级智能量测系统（AMI）的支持下，能够实时获取用户的用电信息，在此基础上对全网的需求侧的状态做出估计，即对电网的可观测性强。只有在此基础上，智能电网调度中心才能真正意义上实现对全网精确调控。

3. 运行调控更灵活

传统电网调度一般把安全性、经济性以及电能质量等作为电网的主要控制目标；智能电网调度的控制目标是复杂和多样的，在能保证供电需求的前提下，要求能耗最低和降低温室气体的排放，因此需要根据电网运行实际情况做出调整。

4. 结构功能开放性更高

传统电网中能量通常是按照发电、输电、配电、用电的方向单向流动，因此调控模式也是设计单一的功能分布式系统，只把具有同一功能的软件部署在一起；智能电网支持大规模分布式电源的接入和能量的双向流动，这就使得调控模式更复杂，不同的功能模块之间与外部系统之间具有互操作性，软件功能的可重用性高，系统的整体开放性高。

二、智能电网调度系统云计算平台

（一）智能电网调度系统云计算平台的架构

针对智能电网调度系统的特点和“电力智能云”信息平台应用的可行性，提出基于云计算的智能电网调度系统。此系统应用云计算技术，通过分布式的数据服务总线，以系统结构化的方式把分散 IT 数据信息资源和电网自动化基础设施整合在一起，组成具有高可靠性、高实时性、高准确度的智能电网调度云计算平台。

基础云计算平台以分布式数据服务总线为核心组件，还包括动态负载均衡及资源调配系统、分布式海量数据存储系统和集成计算引擎三大功能组件。这些功能组件通过分布式数据服务总线构成虚拟层，实现控制信息与数据信息的交换、传输和整合，同时统一管理和调配底层的物理硬件，为各种应用程序被高效稳定地调用和访问提供了保障。为了方便调度系统管理员实时地监控系统组件的使用和运行状态，并进行即时监控、按需调整和调度，平台还专设了一个统一的管理监控界面。智能电网分布在不同区域的各个调度中心的基础云计算平台都具有这三大功能组件，各个区域的子调度中心能够通过分布式数据服务总线整合到网络互联通信平台上，不同调度中心的功能组件具有相互备用功能，提高了系统的安全可靠性。

1. 分布式数据服务总线

云计算电网调度系统是一个具有灵活网络拓扑的大规模分布式组网架构，分布式数据系统服务总线支持一对一、一对多、多对一和多对多的节点连接方式，各个子调度平台能够组建的结构有总线型、树形和星形等，各个子调度平台之间还能够进行多级动态调度；总线还能够对各个子调度平台服务器进行有机整合，使得各节点之间底层业务资源和低延时数据传输的功能共享，为系统的连续可用性提供了保障；分布式数据服务总线还支持修改配置参数、添加动态应用、协议扩展等，并能确保在节点失效和进程失败后系统的自动恢复；其高效的远程管理功能和强大的日志功能，方便使调度员调节系统参数、监控网络状况，为查找和管理系统提供可靠保障。

2. 分布式海量数据存储系统

分布式海量数据存储系统是一个可以将电力运行调度中海量的实时数据通过软件整合网络上大量独立的存储节点来协同解决的高性能软件系统。它具有高可靠性、跨平台共享、可平滑扩展、使用维护简单以及可降低系统整体成本等特点。在不增加新设备和不改变硬件物理位置的情况下，它利用分布式数据管理技术，就可以处理电网在长期业务发展过程中产生的海量数据的存储和管理等系列问题。

分布式海量数据存储系统以文件的形式将需要处理的数据放到底层的分布式文件系统上，在集群中的所有数据库系统的本地文件系统上构建一个虚拟化系统，通过对各数据库系统内数据节点的动态划分和管理，多个数据库系统之间的数据同步和交换能够被同时处理，并且分布式数据库存储还支持多个 Master 和 Slave 并存的存储架构，通过构建多个主从节点的非结构化对等集群，解决了数据访问的难点问题，提高了电力调度系统处理数据的速度。

3. 动态负载均衡及资源调配系统

为了高效地解决电力调度系统的管理问题，系统云计算平台整合了动态负载均衡及资源调配机制。动态负载均衡及资源调配机制在系统中通过中心控制点根据各个计算节点设备的计算速度快慢动态分配任务，且一次性部署全网各个节点的负载均衡服务器，实时监测重要节点和压力负荷的信息，能够使得全网的压力负荷被系统动态地进行调整。临近节点能够暂时承担故障节点的功能，特别是在区域网络故障的情况下。中央监控系统、认证管理中心、策略管理中心和决策中心这四大主要功能是由平台的管理中心提供的。整个电网的负荷情况是由中央监控系统担负着主要的监控职责；认证管理中心和策略管理中心分别负责整个电网工作节点的认证和管理工作；对电力运行调度系统做出全局判断的是决策中心。

控制节点是电力调度系统中小型的决策中心，这种节点在整个电网中有很多种类型。在动态负载均衡及资源调配机制的系统中，能够跟管理中心直接通信的各级子调度中心在接入策略管理系统之前，需要认证管理系统的审核，然后根据整个体系的策略对该调度中心的工作角色进行指派。当系统监控到某些个节点失效的情况，就采用容错和任务再分配机制，全网负荷较低的节点首先被寻找出来，失效节点的任务被转移到这些低负荷节点处进行计算。

（二）智能电网调度系统云计算平台的特征

以电力内网互联为基础的智能电网调度系统云计算平台具有强大的数据采集和分析计算的能力，各个电力调度中心之间通过上述三大功能模块和分布式总线进行系统维护、数据同步和协调运行等，以支撑智能电网调度系统安全高效地运行，从而保证智能电网的安全稳定运行。基于云计算平台的智能电网调度系统主要有以下特征。

1. 分布式计算

此平台采用高性能虚拟化技术融合成的分布式计算模式，将电网调度各类数据信息进行数字化，以统一的数据规则进行分类处理，形成分布式的数据模块，在整合这些数据资源和并行计算能力的基础之上，提供对云计算平台调度系统中各个服务器资源灵活、动态的管理和调配，满足智能电网调度海量数据信息处理的需求。

2. 互为备调

相应数据和应用的备调系统被各区域调度中心建立起来，构成主、备调之间的数据共享从而实现互为备调，各区域调度中心能够同时相互接管对方调度中心的业务，保障各级电网安全可靠运行。

3. 面向服务架构 SOA

基于面向服务架构是以服务为基本功能模块和形式，根据用户需求实现将各类应用的主要功能进行服务封装，并向用户提供各类存储和计算的应用资源，且各类服务相互独立，通过数据总线、消息总线以及服务总线等，将各类应用模块自由组合，快速形成新的系统，从而能够极大地提高系统软件开发升级的速度和构建协同灵活的应用。

4. 海量数据存储与管理

对于海量数据的存储，系统采用分布式云存储的方式，并结合冗余存储与高可靠性软件的方式，可有效控制分布在网络上的各个服务器之间的数据流向和交互顺序，实现海量数据安全高效的存储和管理。

第三节　基于云计算平台的人力资源共享服务设计

一、基于云计算平台的人力资源共享服务的设计原则

基于云计算平台的人力资源共享服务与传统人力资源共享服务的设计原则存在差异。传统的原则是基于集中管理与分散管理进行综合统筹，实现人力资源管理业务的规范化、业务流程标准化。但是，各地区人力资源管理团队无法在统一的信息系统进行信息交互，存在数据口径不一致、信息数据质量下降。而且传统人力资源共享服务主要集中在薪酬、社保公积金等核心且标准化、规范化的业务，依然需要跨地区分公司、子公司的人事运营人员定期向共享服务中心提供信息资源，承接当地基础人事业务服务。最终实现大数据人力资源管理、组织无边界进程的人员整合、人力资源与业务的跨界合作，实现人力资源共享服务优化的共享服务中心优化需求、信息系统再造需求。基于共享服务中心优化需求与信息系统再造需求，需要确定如下设计原则。

（一）数据标准化

人力资源数据标准化是基于云计算平台的人力资源共享服务设计的基本原则。人力资源数据标准化是指在数据处理过程中消除数据的不同属性、不同样式，从而减少数据差异性。数据标准化包括数据交换、数据质量、数据说明文件等方面内容，是信息系统设计、数据共享、业务流程再造等实施前提。因此，必须设计企业内标准统一、适用性强的人力资源数据标准。

（二）外包化和众包化

人力资源共享服务设计需要实现成本与效率最优，基于云计算平台可以将不同的信息资源连接至云端，用户可根据自身需求向云端发出需求申请并获取资源。人力资源共享服务中心将不再是统筹与执行组织，而是制定服务内容、服务目标、服务水平协议的标准化的组织。人力资源共享服务中心可实现整体业务外包给其他组织，将非核心业务委托至具有专业化、规模化的人力资源供应商，促进企业人力资源管理团队专注于核心业务，比如，通过全国近百城市分公司的社保公积金业务进行外包，降低人力资源人员成本，提升管理效率。另外，人力资源共享服务中心采用众包的方式把过去由员工执行的工作任务，以自由自愿的形式外包给非特定的组织执行。比如在人力资源共享服务中心的云端平台发布公众号编制文章、图片设计、培训等业务征集，吸引企业内部或企业外部的闲置脑力资源参与创作，筛选优质资源，驱动人力资源共享服务模式降低运营成本、提升服务质量。

（三）虚拟化和无纸化

传统的人力资源共享服务的“集中式大厅办公＋服务”模式将无法适应跨区域、跨产业、跨企业的集团企业运营模式，企业需要通过互联网技术驱动组织向“远程虚拟交付”模式转换。人力资源共享服务人员可以在不同城市办公，在不同的时间点办公。工作人员通过远程操作员工服务终端设备，实现虚拟交付人事服务。驱动虚拟交付人事服务，需要通过云计算平台的交付服务平台与人力资源共享服务中心组织有效结合，并通过电子签章与第三方机构验证，无纸化处理劳动合同签署、入职手续办理、薪酬福利核算、绩效考核与人才评估等业务。业务无纸化可实现实时监控机制，规避人事运营过程中的数据造假、劳动关系处理不合法、流程不规范等操作，降低人力资源管理风险。

（四）共享服务平台化

基于云计算平台的人力资源共享服务，需要从技术实践中实现共享服务平台化。通过云计算平台建立的人力资源共享服务模式，从技术实践来看，共享服务平台化由云端和客户端组成。

云端的云计算服务器可以从下往上分为四个层级：网络服务层提供基础网络服务；数据管理层对数据进行分类存储；应用支撑层为共享服务提供技术支持；应用层为共享服务提供各功能模块服务。用户可通过客户端进入接入层，通过移动互联网直接进入人力资源共享服务中心的云计算服务器。用户随时可以根据业务需求自动发出相应的指令，然后自动接受相应的云端信息服务，云端系统自动进行相应的业务信息处理及数据分析，用户仅需在网上提出对服务的需求。

企业信息化建设团队与云计算服务供应商需要针对现有的人事档案系统数据库、考勤系统数据库、财务信息系统数据库、企业办公网页端等主要数据库进行系统架构设计，利用内置的组件即可完成相应连接功能，实现云端与客户端完成信息交互功能。云端与客户端的架构设计，云计算平台服务供应商可以统筹处理繁杂琐碎的后台维护，不需要企业技术团队投入大量资源进行系统架构连接，企业信息化建设部门可以专注应对开发需求。

二、基于云计算平台的人力资源共享服务保障性措施

（一）云数据安全保障措施

云数据安全即云计算平台产生的数据安全。医人力资源数据涉及企业核心商业机密，是企业建立云计算平台最重要的组成。云计算平台供应商需要与企业信息化建设部门共同针对云计算平台的企业用户身份鉴别、权限授予、安全传输、安全存储等方面设计云数据安全整体方案。

1. 强化身份验证与加密技术

企业通过公钥加密技术对用户进行数字证书验证，并在他们发送请求时附上数字签名。每个员工拥有独立的身份认证数字代码，并根据云计算平台服务权限授予机制实现权限请求验证。这包括通过人力资源数据安全传输模块的安全认证通道进行准入权限授予，以及通过共享服务人员在短时间内确定是否属于准入人员名单并授予准入权限。安全传输需要通过安全套接层 SSL 协议建立完全通道，以避免被非授权用户篡改、伪造或截获人力资源管理数据。安全存储模块旨在有效保护敏感信息，确保数据的完整性和机密性。通过将人力资源数据存储于隔离的操作区域内，安全存储模块能够显著降低潜在的安全风险，从而防止外部攻击和恶意数据的侵入。企业可以采用云数据管理接口 CDMI 规范对企业数据进行管理，为人力资源数据挖掘提供标准化数据支持。此外，人力资源共享服务中心制定了数据安全审核机制，定期进行数据盘点和关键数据库备份，以规避企业可能面临的服务器运行破坏或其他应用程序干扰导致的数据安全风险。这一系列措施有助于确保人力资源管理数据的安全性和完整性。

2. 建立管控数据应用安全级别

云数据安全问题将涉及云计算平台的安全性与易用性平衡。任何数据使用都涉及数据安全级别，但安全级别越高将意味着人力资源数据安全传输模块的工作流程与审批机制越复杂。人力资源共享服务必须根据工作界面的前中后台与服务交付模式，确定不同数据的安全级别层次。低安全层次数据为安全级别低，使用频率越高的人力资源数据，相关数据可集成至员工自助服务界面并提供更多的查询渠道提高用户体验，如员工职级、员工照片、员工姓名、通信等；高安全层次数据为安全级别高，使用频率越低的人力资源数据，相关数据越需要设置多层次查询与关键用户权限。云计算服务管控数据应用安全级别，需要随着云计算平台服务产品开发与互联网技术发展，持续更新换代数据应用安全级别，才能获得快速发展。

随着云计算平台、大数据、分布式、信息缓存等信息技术更新换代，企业需要持续跟进信息更新方向调整技术应用机制，确保企业人力资源数据的保存、监控、挖掘、分析应用等数据应用安全，以便未来利用大数据技术应用，满足企业人力资源管理监控、人力管理规划及战略决策支持。

(二) 共享服务人才培养措施

1. 培养人力资源复合型人才

云计算平台的实现仅仅作为人力资源工具，能够创造大量数据信息，为企业提供高质量的共享服务输出机会。然而，如果共享服务团队缺乏相应的综合素质，可能会将云计算平台仅视为简单的操作界面，继续停留在基础性服务输出层面。云计算平台的应用对共享服务人员的计算机技能、谈判技能、专业知识等综合素质提出了新的要求。共享服务人员需要参与决定云计算平台的数据权限鉴别、数据质量等方面，为云计算平台的数据处理、报表输出、资源调配等提供支持。因此，人力资源团队必须具备人力资源管理专业知识和信息化技术专业知识，同时具备较强的沟通技能、数据分析能力、风险预警反馈能力等。企业需要持续提升员工多元化知识应用培训，确保在完成本职工作业务基础上，全面提升复合型应用能力，以确保云计算平台系统的高效运营。这种综合素质的提升将有助于共享服务团队更好地适应云计算平台的要求，提高服务的水平和效果。

2. 优化共享服务人员激励机制

在云计算的人力资源共享服务建设与运营过程中，企业需要拥有流程再造、服务运营、精益管理等专业领域的人才。然而，国内人力资源共享服务管理理论目前仍处于初级阶段，劳动市场上缺乏相应的人才资源。为了解决这一问题，企业需要采取一系列措施。

第一，企业需要制定共享服务团队的转型机制，引导人力资源管理人员掌握客户服务、SSC 应用技能、数据处理和应用、人力资源基础知识、精益管理等专业技能，推动他们转型为复合型人才。

第二，企业需要完善共享服务人员的激励机制，以提高人力资源共享服务人员的工作积极性。企业可以根据自身发展需求，打造良好的雇主品牌影响力，建立员工清晰的职业发展通道，制定岗位轮换机制，创造良好的工作氛围和环境，使团队成员在工作过程中能够获得职位晋升和专业技能提升的机会。这有助于吸引、留住并激励更多的人才投身于人力资源共享服务的建设与运营中。

3. 完善共享服务人员考核机制

企业需要建立共享服务人员的服务处理结果输出和服务体验的量化考核指标。云计算平台可以通过爬虫技术实时盘点人力资源共享服务团队服务界面、服务流程、交付模型的输入与输出内容，评估共享服务人员服务处理的业务量。此外，通过“云计算平台服务”的问卷调查应用，定期发送服务回访调查表，获取人力资源共享服务人员的服务态度、服务质量、解决问题的能力等服务体验信息。人力资源共享服务中心通过相关数据指标进行量化考核，收集反馈意见及服务机制优化，以提升共享服务人员的综合素质，进而提高服务效率与服务质量。通过这些定期的评估和反馈机制，企业可以更有效地监控共享服务团队的表现，及时发现问题并采取相应的改进措施，不断优化服务流程和提高整体服务水平。这有助于确保人力资源共享服务在云计算平台上的高效运营。

第五章　数据仓库与数据挖掘技术

数据仓库与数据挖掘技术作为信息时代的两大支柱，正在以前所未有的速度改变着人们对数据的理解和利用方式。基于此，本章研究数据仓库及其设计、数据仓库的管理与优化、数据仓库与数据挖掘的关系、数据挖掘的主要方法、数据挖掘的设计与应用。

第一节　数据仓库及其设计

一、数据仓库的构造模式

随着当前信息技术水平的提高，传统数据库逐渐难以满足实际运用需求，数据仓库应运而生，相较于数据库，数据仓库在数据分析处理、决策支持方面有着更强的优势。[①] 构造一个完善的数据仓库，是一个复杂的过程。设计者不仅需要高超的专业水平和编程能力，还应对所涉及的行业有深入的了解。从数据的获取、清洗、组织、存储、管理方法，到为满足决策要求而必需的操作流程与分析算法，都应进行全面的、妥善的规划设计。一般而言，数据仓库的构造模式包括自顶向下、自底向上、平行开发三种。

（一）自顶向下模式

自顶向下模式最早是一种由整体到局部，逐步细化的构造模式。构造过程中，首先对分散在各业务数据库中的数据的特征进行分析，在此基础上，实施数据仓库的总体设计和规划，准备元数据，随后，进行外部数据源的数据抽取、筛选、清洗、转换等一系列处理工作，并将处理后的数据导入数据仓库，元数据也同时导入，从而建立起一个完整的数据仓库。在数据仓

① 宋传园．数据仓库的概念与技术分析 [J]．信息记录材料，2023（5）：65.

库内，建立起针对各主题的数据集市，以满足决策的需求。在这种模式中，数据集市是数据仓库的真子集，数据由数据仓库流向数据集市。数据仓库的设计过程直观，概念清晰，易于理解，只要对外部数据源和所支持的决策有较深的理解，保证各数据集市都是数据仓库的真子集，就可以完全消除信息之间的“蛛网”现象。

这种模式的不足之处是要求设计者对业务有深入理解，系统设计规模偏大，实施周期过长，项目见效缓慢，尤其是在项目实施初期，见效不明显。

（二）自底向上模式

一般企业在规划数据仓库项目时，往往准备的数据规模偏小，决策目标不清晰，并且希望数据仓库项目能较快地发挥作用，产生效益。针对这一特点，为解决自顶向下模式的不足，自底向上模式应运而生。

和自顶向下模式相反，自底向上模式的设计思路是先具体，后综合。首先，将企业内各部门的要求视为分解后的决策子目标，并针对这些子目标建立起各自的数据集市，从而获得最快回报。在此基础上，对系统不断进行扩充，形成完善的数据仓库，以实现对企业级决策的支持。数据集市由于结构简单，数据的综合度较低，因此不需要准备创建数据仓库所必需的元数据部件。

采用自底向上模式建立数据仓库，具有投资小、见效快的特点。由于部门级的数据结构简单，决策需求明确，因此易于实现。但由于数据集市缺少元数据，因而最终构造数据仓库的过程具有相当的难度，并有可能影响数据仓库整体结构的合理性以及系统的运行效率。

（三）平行开发模式

平行开发模式，又称为企业级数据集市模式，是指在同一个系统模型的指导下，在建立数据仓库的同时，建立起若干数据集市。这种模式是在自顶向下模式的基础上，吸收了自底向上模式的优点，发展而成的，因此，可以认为是两种模式的有机结合。

在平行开发模式中，数据仓库和数据集市遵从统一的数据模型的指导，同时建立。这样，就可以避免建立相互独立的数据集市时所难以避免的盲目性，有效减少数据的不一致和冗余。这种模式的核心有两部分：一是统一的“全局元数据中心库”（GMR），用以记录数据仓库的主题域、通用维、业务规则和其他各种元数据；二是“动态数据存储区”（DDS），用于储存从外部数据源中抽取的数据，并为进一步处理做准备。GMR 和 DDS 不是一成不变的，它们都随着外部数据源以及决策需求的变化而改变。

二、数据仓库的模型设计

(一) 概念模型设计

1. 企业模型的建立

建立企业模型是构建数据仓库的第一步。要建立起完整、正确的概念模型，必须首先建立起完整、准确的企业模型。严格地说，企业模型并不是构建数据仓库过程中的一种数据模型，而是对企业整体数据需求的一种抽象描述。它描述了企业在进行决策支持时所需的数据的内容，以及数据之间相互依存、相互影响的关系，反映了企业内各部门、各层次员工对信息的供需情况。构造企业模型是完全以业务分析为基础的，不需过多考虑构造数据仓库及计算机实现的细节。

企业模型的完整性和准确性是十分重要的，人们可以针对该模型所揭示的内容，分步骤地构建企业的数据仓库，逐步加以完善，并可以根据该模型的启示，充分利用数据仓库，构造出若干应用子系统，如 CRM 系统、风险控制系统和投资决策系统等，对企业的各方面决策进行支持。

在构建企业模型时，最常用的方法是 E-R 图法，即“实体—关系图”的方法。这是一种简单直观的表示方法，能够较为准确地描述出企业内部数据的需求情况。除了 E-R 图法之外，建立企业模型的方法还有面向对象法、动态模型分析法等。对于建立企业模型而言，E-R 图法具有简便直观的优点，而且在建立传统数据库时，也往往采用这一方法构造数据库。但 E-R 图法很难直接用于开发数据库。这是因为该方法存在着不足：(1) 模糊性。无法表述数据仓库中分析数据、描述数据和细节数据之间的关系。(2) 静态性。时间参数的存在以及作用无法得到体现。(3) 无法揭示出数据仓库中的导出关系。

为了将用 E-R 图描述的企业模型方便地映射为数据仓库的数据模型，可以采取措施对传统的 E-R 图法进行改进，即引入以下概念。

（1）事实实体：用于表示现实世界中一系列相互关联的事实，一般是查询分析的焦点，在 E-R 图中用矩形表示。

（2）维度实体：用于对事实实体的各种属性进行细化描述，是开展查询分析的重要依据，在 E-R 图中用菱形表示。

（3）引用实体：对应于现实世界中的某个具体实体或对象，在事务数据查询时能提供详细的数据，在 E-R 图中用六角形表示。

事实实体是数据仓库的核心，对应于数据仓库中的事实表。在数据仓库的高层模型中，事实实体具有以下作用：为用户提供定量的数据基本分析点，提供多种访问事实数据的路径、维度或指标；提供相关的标准数据，构成每个维度中最低一级的类别和一个信息组中的指标，作为存储大量数据的基础表格。在数据仓库中，维度实体可以作为用户查询结果进行筛选的工具。维度实体的另一个重要作用是支持数据仓库的整体构建，建立不同事实实体之间的联系，将维度实体和引用实体结合成一个完整的整体，以满足用户对数据仓库的访问需求。引用实体的内容是从业务数据库中转换而来的，在数据仓库中通常表现为物理数据库，向用户提供详细的数据，以实现对决策的支持。

2. 数据模型的规范

在设计用于业务数据处理的关系型数据库系统时，必须注意数据库中的关系规范问题，保证系统的快速响应与高效存储。关系型数据库中关系的规范化，按属性间依赖程度的不同，可以分为第一范式（1NF）、第二范式（2NF）、第三范式（3NF）、Boyce-Codd 范式（BCNF）及第四范式（4NF）。数据仓库与传统数据库之间存在着诸多不同，为了提高信息的检索效率与系统的使用性能，一般都需对数据仓库所包含的数据结构进行规范化和适当的反规范化处理。

在关系模式 R（U）中，设 X 、Y 是 U 的子集，若对于任何关系 R 中的任意元组，在 X 的属性值确定以后，Y 的属性值必定确定，则称 Y 函数依赖于 X。各属性间的函数依赖关系，是对关系型数据库进行规范化的基础和依据。例如，在某企业的人事信息表中，“身份证号”字段的值确定之后，则对应的“年龄”“性别”“所在部门”等字段的值也得到了确定，这就体现出“年龄”“性别”“所在部门”等字段函数依赖于“身份证号”字段。函数依赖关系有完全依赖、部分依赖、传递依赖等类型。

(1) 关系型数据库的规范范式。如果一个关系模式满足某个指定的约束集，则称它属于某种特定的范式。满足最低约束要求的称为第一范式，简称1NF。在满足第一范式的基础上，再进一步地满足一些要求的称为第二范式，其余依次类推。

第一范式 (1NF)：在关系数据模型 R（U）中，如果其每个属性的值都是一个不可分割的数据项，则称 R（U）满足 1NF 。1NF 是每个关系模型都必须遵循的基本条件，其目的是消除数据模型中的重复元组。

第二范式 (2NF)：若关系数据模型 R（U）满足 1NF，且每个非关键列完全函数依赖于关键列，则称 R（U）满足 2NF。满足 2NF 的数据模型，必然具有较少的异常与数据冗余。2NF 的特点如下：必然满足 1NF；每个非主属性完全函数依赖于关键字。

第三范式 (3NF)：在关系数据模型 R（U）中，如果每个非主属性都既不部分依赖也不传递依赖于关键字，则称其满足 3NF。可以认为 3NF 是在 2NF 的基础上，消除了传递依赖后所得到的结果，它的特点：一是全部非主要属性均完全依赖于所有键；二是全部主要属性均完全依赖于不属于它们的键；三是全部属性均不完全依赖于任一非主属性集。

Boyce-Codd 范式 (BCNF)：BCNF 的定义比 3NF 更为严格，它要求每个非主键字段都必须依赖于超键，这意味着如果存在一个非主键字段依赖于主键之外的其他字段，则该表不符合 BCNF。因此，BCNF 通常在设计更复杂的数据库系统时被广泛应用，它有助于确保数据的高一致性，并消除潜在的更新异常。

第四范式 (4NF)：在关系数据模型 R（U）中，如属性 Y 多值依赖于属性 X，并且这种依赖是非平凡的多值依赖，则属性 X 中必含关键字，这时即称关系型数据模型 R（U）满足 4NF 。4NF 解决了多值依赖的问题。

(2) 数据仓库的反规范化的处理。关系型数据库进行规范化处理的目的，是解决数据库中插入、修改异常和数据冗余度高的问题。实现规范化的方法，是以模式分解为手段，以数据模型中各属性间的依赖关系为依据进行处理，以尽量达到每个数据模型都仅表示客观世界中的一个“事物”的目的。为了防止在分解过程中造成关系与依赖的丢失，一般将数据模型分解到3NF即可。

规范化处理的结果表现为将一个复杂的、依赖关系众多的大表分解成若干个内容简洁、关系清晰的小表。需要指出的是，即使分解过程能够满足对连接无损性和依赖保持性的要求，这种分解结果也不一定是最佳的。因为数据仓库要实现对决策的支持，通常需要进行大规模的查询操作，这种操作涉及对众多小表进行动态的关联。这不仅给CPU带来了巨大的运算压力，还要求数据库系统必须具备足够的存储容量作为关联操作的缓冲区。同时，对多个小表的同步访问也给系统的I/O带来了挑战。为了避免这种现象的出现，提高数据仓库的运行效率，必须结合实际情况对源自关系型数据库的模型进行反规范化处理。这种处理基于属性间的依赖关系，进行小表的合并。

反规范化处理的另一种情况是保持数据仓库中数据的适度冗余。在数据仓库中，有些数据是基础的，涉及大多数，甚至全部的业务。根据规范化管理理论的要求，这类数据应当存放在一个基本的表中，与记录其他具体业务数据的表相互独立，供查询使用。然而，这样的设计结果是，每次进行查询操作时，都必须同时访问业务数据表和上述基本表，再对其进行关联操作，增加了CPU和系统I/O的负担。因此，为了提高系统整体效率，有必要将基本表中的内容作为冗余数据，重复地插入各个业务数据表，适度牺牲存储空间来实现。

3. 常用的概念模型

在建立好企业模型后，必须实现从企业模型到概念数据模型的映射，以为构建数据仓库的逻辑模型做好准备。虽然E-R图法具有较好的可操作性、形式简明、易于理解的特点，对于客观世界中的事物具有良好的描述能力，因此它是设计数据仓库的有力工具。然而，E-R图法存在着“重点不突出”的缺陷，因为它所描述的所有实体在地位上是平等的，无法反映出管理者和决策者关心的重点对象。因此，需要采用更加合适的方法来设计概念数据模型。目前，常用的概念数据模型有以下三种。

（1）星形模型。星形模型是最常用的数据仓库设计结构的实现模式，它使数据仓库形成了一个集成系统，为最终用户提供报表服务和分析服务。星形模型通过使用一个包含主题的事实表和多个包含事实的非正规化描述的维度表来支持各种决策查询。星形模型可以采用关系型数据库结构，模型的核心是事实表，围绕事实表的是维度表。通过事实表将各种不同的维度表连接起来，各个维度表都连接到中央事实表。维度表中的对象通过事实表与另一维度表中的对象相关联，这样就能建立各个维度表对象之间的联系。

事实表主要包含描述特定商业事件的数据，即某些特定商业事件的度量值。一般情况下，事实表中的数据不允许修改，新的数据只是简单地添加进事实表中，维度表主要包含存储在事实表中数据的特征数据。每一个维度表利用维度关键字通过事实表中的外键约束于事实表中的某一行，实现与事实表的关联，这就要求事实表中的外键不能为空，这与一般数据库中外键允许为空是不同的。这种结构使用户能够很容易地从维度表中的数据分析开始，获得维度关键字，以便连接到中心的事实表进行查询，这样就可以减少在事实表中扫描的数据量，以提高查询性能。

星形模型虽然是一个关系模型，但它不是一个规范化的模型。在星形模型中，维度表被故意地非规范化了，这是星形模型与 OLTP 系统中关系模式的基本区别。采用星形模型设计的数据仓库的优点是由于数据的组织已经过预处理，主要数据都在庞大的事实表中，所以只要扫描事实表就可以进行查询，而不必把多个庞大的表连接起来，查询访问效率较高，同时由于维度表一般都很小，甚至可以放在高速缓存中，与事实表进行连接时其速度较快，便于用户理解；对于非计算机专业的用户而言，星形模型比较直观，通过分析星形模型，很容易组合出各种查询。

（2）雪花形模型。雪花形模型是对星形模型的扩展，每一个维度都可以向外连接多个详细类别表。在这种模式中，维度表除了具有星形模型中维度表的功能外，还连接对事实表进行详细描述的详细类别表，详细类别表通过对事实表在有关维上的详细描述达到了缩小事实表和提高查询效率的目的。

雪花形模型对星形模型的维度表进一步标准化，对星形模型中的维度表进行了规范化处理。雪花形模型的维度表中存储了正规化的数据，这种结构通过把多个较小的标准化表（而不是星形模型中的大的非标准化表）联合在一起来改善查询性能，提高了数据仓库应用的灵活性。这些连接需要花费相当多的时间。一般来说，一个雪花形图表要比一个星形图表效率低。

(3) 星座模型。一个复杂的商业智能应用往往会在数据仓库中存放多个事实表，这时就会出现多个事实表共享某一个或多个维表的情况，这就是事实星座，也称为星系模式。

(二) 逻辑模型设计

进一步分析概念模型，即可构造出数据仓库的逻辑模型 (中间层数据模型)，可以认为它是数据仓库开发者和使用者之间，针对数据仓库的开发进行交流和讨论的工具与平台。开发者的任务，就是要保证逻辑模型的完整性和正确性，并能满足用户的使用需求。

1. 数据仓库的分级

在数据仓库中，数据采用分级的方法进行组织，除了元数据之外，业务数据一般分为四级，即当前细节级、历史细节级、轻度综合级和高度综合级。

(1) 当前细节级。来自数据源的数据，所反映的都是当前的业务情况，因此在导入数据仓库之后，首先作为当前细节级数据进行存储。这些数据规模较大，实时性强，是数据仓库用户最感兴趣的部分。当前细节级的数据，一方面依据数据仓库的既定规则，经过处理，得到轻度综合级和高度综合级的数据；另一方面随时间的推移，逐渐“老化”，成为历史细节级的数据。

(2) 历史细节级。一般而言，当前细节级的数据对于决策的支持程度，随数据发生时间的久远而降低。为了有效控制数据仓库中当前细节级数据的规模，保证系统的运行效率，在设计数据仓库时，通常应结合业务的特点和系统硬件的水平，设定一个合理的时间阈值，将当前细节级数据中发生时间超过该阈值的部分，即已经“老化”的数据，转为历史细节级的数据，并以合适的方式进行存储。

(3) 轻度综合级。为了有效控制数据仓库中进行决策支持时的系统开销，对当前细节级的数据，通常以一定的时间段为单位进行综合。这一设定的时间段参数又称为“粒度”。以较小的粒度生成的综合数据，称为“轻度综合级数据”，其规模要远远小于当前细节级数据，因此可以明显提高决策运算的效率。

（4）高度综合级。以较长的时间段，即较大的粒度，对当前细节级的数据进行综合而形成的结果，称为“高度综合级数据”。高度综合级的数据内容十分精练，可以认为是一种“准决策数据”。需注意的是，综合级的“轻度”“高度”只是一种相对的概念，二者之间没有绝对的界限，随业务特点和决策类型的不同而变化，同时在轻度细节和高度细节级内部，还可以细分。

2. 数据仓库的时间分割

数据分割是指把数据分散存储到多个物理存储单元中，以便进一步处理。对数据进行分割的目的是提高数据处理的灵活性。它有以下几个优点：（1）易于实现数据仓库的重构 / 重组；（2）能够自由地建立数据库索引；（3）便于对数据进行顺序扫描；（4）易于实现数据仓库的监控和恢复。

数据分割的依据和粒度，应随数据仓库所在行业的特点而变。常用的分割依据包括：（1）发生时间；（2）地理位置；（3）计量单位；（4）数据额度。

在证券行业，基于时间参数对客户的证券交易记录进行分割。对于实现了集中交易的券商而言，数据规模十分惊人，以当前细节级数据为例，即使设定了合理的时间阈值，其数据也会达到 GB 量级，进行检索时系统的开销巨大。为了解决这一问题，可将当前细节级中的数据，以“年”为单位进行分割，这样，如果当前细节级的时间阈值为 3 年，对于不跨年度的查询，工作量就缩减为原来的 1/3 左右；而对于跨年度的查询，由于可在多个物理存储中同时进行，再对查询结果进行综合，系统运行效率的提高更为明显。

如果数据的规模巨大，又需同时满足多个分析主题的需要，则可以从多个角度，按不同的依据对数据进行分割。例如，对集中交易的证券交易数据，除了按时间进行分割外，为了分析不同等级城市的交易状况，还可以按营业部所在的地理位置进行分割。为了考察不同等级城市中各种委托方式对交易量的贡献，也可同时按地理位置和委托方式进行数据分割，以评估各种服务的成本。

对数据分割有效性的最简便同时也是最严格的检验方式，是看分割后的数据能否方便地建立新的索引，以满足分析的需要。

数据分割可在系统层进行，也可在应用层进行。系统层进行的分割，大多依靠数据仓库所依据的 DBMS 来完成；而应用层的数据分割，则体现在应用程序的设计过程中。无论在哪一层次上进行分割，对用户而言，这种分割都是透明的。

系统层的数据分割适用于定义相对稳定的数据环境。由于某些原因，如证券交易所接口库定义的改变，会导致数据仓库中数据定义的变化，应用层的数据分割能较好地适应这种情况，而不必对物理存储中的数据进行全部重定义，同时，应用层的数据分割也可以很方便地实现处理集之间的转移。当然，应用层的数据分割对开发者的编程能力和业务水平有较高要求，实现难度较大。

3. 数据仓库的数据组织

（1）简单直接文件。简单直接文件是数据仓库中数据组织的最简单形式，就是每隔一段时间，将业务数据库中的数据，以既定的方法导入数据仓库，并逐渐积累起来。在某种程度上，简单直接文件可以认为是数据库一系列“快照”的集合。如果数据仓库导入数据的间隔时间参数固定为 1 天，这样的简单直接文件又称为“简单堆积文件”。有些行业，由于法定节假日不产生交易数据，不必形成快照，因此在数据组织中没有简单堆积文件。

（2）连续文件。简单直接文件是一系列互相孤立的“快照”，因此虽然具备了应有的细节，却并不能直接为决策提供支持。将两个或两个以上简单直接文件合并起来的结果，称为“连续文件”。连续文件可以提供一段时间内的数据细节，并可通过不断追加同类简单直接文件的方法，丰富自己的内容。

（3）定期综合文件。无论是简单直接文件，还是连续文件，随时间的推移，其数据量都在不断增大，给数据处理带来困难。定期综合文件可以解决这一问题，这种文件的实质是在简单直接文件的基础上进行综合统计运算。在这种数据组织方式中，数据按一定的时间单位（如日、月、季度、年等）进行综合统计，存储在不同的单元中，并每隔相应的时间段，对数据进行追加。例如，每月结束后，将该月的数据综合，形成新的月度综合数据文件，每季度结束后，将该季度的数据综合，形成新的季度综合数据文件，以此类推。

和连续文件相比，定期综合文件虽然有效缩减了数据的规模，但在综合过程中，不可避免地损失了数据的细节，而且综合的时间周期越长，数据细节的损失就越多。因此，为了保证定期综合数据的有效性和可利用性，要特别注意妥善设计数据综合的方法。

4. 数据仓库的粒度设计

粒度模型是数据仓库设计中需要解决的十分重要的问题之一。所谓粒度，是指数据仓库中数据单元的详细程度和级别。数据越详细，粒度就越小，级别也就越低；数据综合度越高，粒度就越大，级别也就越高。

(1) 粗略估算。确定合适的粒度级的起点，可以粗略估算数据仓库中将来的数据行数和所需的直接存取存储空间，粗略估算可以按照以下步骤完成。

第一，确定数据仓库中将要创建的所有表，然后估计每张表中行的大小（确切大小可能难以知道，估计一个下界和一个上界就可以了）。

第二，估计一年内表中的最少行数和最多行数。这是设计者所要解决的最大问题。比方说一个顾客表，就应该估计在一定的商业环境和该公司的商业计划影响下的当前的顾客数；如果当前没有业务，就估计为总的市场业务量乘市场份额；如果市场份额不可知的话，就用竞争对手的业务量来估计。总之，要从一方或多方收集顾客的合理估算信息开始。如果数据仓库是用来存放业务活动的话，就要估计顾客数量，以及估计每个时间单位内业务活动量。同样，可用相同的方法分析当前的业务量、竞争对手的业务量和经济学家的预测报告等。

一旦估计完一年内数据仓库中数据单位的数量（用上下限推测的方法），就用同样的方法对 5 年内的数据进行估计。粗略数据估计完后，就要计算一下索引数据所占的空间。对每张表（对表中的每个键码）确定键码的长度和原始表中每条数据是否存在键码。

第三，将各表中行数可能的最大值和最小值分别乘数据的最大长度和最小长度。另外，还要将索引项的数目与键码的长度的乘积累加到总的数据量中去。

(2) 确定双重或单一的粒度。根据数据仓库环境中具有的总的行数的大小，设计和开发必须采取不同的方法。以 1 年期为例，如果总的行数小于 10000 行，那么任何的设计和实现实际上都是可以的。如果 1 年期总行数是 100000 行或更少，那么设计时就需小心谨慎。如果在头一年内总行数超过 1000000 行，那么就要请求采取双重粒度级。如果在数据仓库环境中总行数超过 10000000 行的话，必须强制采取双重粒度级，并且在设计和实现中应该小心谨慎。对于 5 年期数据，行的总数大致依据数量级改变，如表 5-1 所示。①

表 5-1 存储空间与粒度设计层次的考虑

1 年数据		5 年数据	
数据量（行数）	粒度划分策略	数据量（行数）	粒度划分策略
10000000	双重粒度并仔细设计	20000000	双重粒度并仔细设计
1000000	双重粒度	10000000	双重粒度
100000	仔细设计	1000000	仔细设计
10000	不考虑	100000	不考虑

（3）确定粒度的级别。在数据仓库中确定粒度的级别时，需要考虑这样一些因素：要接受的分析类型、可接受的数据最低粒度和能存储的数据量。计划在数据仓库中进行的分析类型将直接影响数据仓库的粒度划分。粒度的层次定义得越高，就越不能在该仓库中进行更细致的分析。例如，将粒度的层次定义为月份时，就不可能利用数据仓库进行按日汇总的信息分析。

数据仓库通常在同一模式中使用多重粒度。数据仓库中，可以有今年创建的数据粒度和以前创建的数据粒度。这是以数据仓库中所需的最低粒度级别为基础设置的。例如，可以用低粒度数据保存近期的财务数据和汇总数据，对时间较远的财务数据只保留粒度较大的汇总数据。这样既可以对财务近况进行细节分析，又可以利用汇总数据对财务趋势进行预测，这里的数据粒度划分策略就需要采用多重数据粒度。

定义数据仓库粒度的另外一个要素是数据仓库可以使用多种存储介质的空间量。如果存储资源有一定的限制，就只能采用较高粒度的数据粒度划分策略。这种粒度划分策略必须依据用户对数据需求的了解和信息占用数据仓库空间的大小来确定。

选择一个合适的粒度是数据仓库设计过程中所要解决的一个复杂的问题，因为粒度的确定实质上是业务决策分析、硬件、软件和数据仓库使用方法的一个折中的方法。在确定数据仓库的粒度时，可以采用多种方法来达到

① 谷斌 . 数据仓库与数据挖掘实务 [M]. 北京：北京邮电大学出版社，2014：49.

既能满足用户决策分析的需要，又能减少数据仓库的数据量的目的。如果主题分析的时间范围较小，可以保持较少时间的细节数据。例如，在分析销售趋势的主题中，分析人员只利用一年的数据进行比较，那么保存销售主题的数据只需要 15 个月的就足够解决问题了，不必保存大量的数据和时间过长的数据。

第二节　数据仓库的管理与优化

一、数据仓库的管理

数据产生效益，在系统运行或使用中，要不断地理解需求，改善系统，不断地考虑新的需求，完善系统。维护数据仓库的工作主要是管理日常数据，包括刷新数据仓库的当前详细数据，将过时的数据转化成历史数据，清除不再使用的数据，管理元数据等；另外，包括如何利用接口定期从操作型环境向数据仓库追加数据，确定数据仓库的数据刷新频率等。

(一) 数据管理

1. 数据管理的不正常情况

在数据管理中，管理人员应该始终留意数据仓库实施中出现的问题症状表现。常见的是，等待处理问题的时间越长，纠正问题的成本就越高。很明显，最好的选择是不让问题出现，但这几乎不可能。以下是一些企业数据仓库或数据集市在实施中出现的不正常情况。

(1) 应用程序之间缺少统一性。同一分析或查询在企业的不同部门使用不同数据集市时，可能导致不一致的结果，企业因此陷入矛盾境地，因为已失去了“唯一真实版本”的概念。

(2) 决策分析的可用性差。数据仓库无法同时满足历史数据分析和当前数据分析的需求，也不能同时满足汇总数据分析和基本详细数据分析的要求。

(3) 系统可用性差。由于更新的事务数据被清理，有时发现系统无法使用。当清理安排与操作步骤发生冲突时，就可能出现上述情况。如果数据仓库的规模已经扩大到需要清理的时间超过系统可用的停机时间，类似于备份安排差或备份准备计划不足的情况也可能发生。当用户希望访问系统时，可能导致系统不可用。

（4）数据可用性问题。系统必须定期监控所需的硬盘空间，确保有足够的空间供表格和其他分析使用。随着历史数据用于趋势分析的存储不断增加，这将占用越来越多的可用空间。由于趋势分析所需的历史数据必须保留，这将继续占用更多的自由空间。因此，管理人员必须谨慎操作，以确保用户在工作时有足够的系统资源可用。定期进行数据重组是非常重要的，用户应当检查并纠正硬盘碎片，以确保数据的最大可用性。

（5）低性能。反应速度慢的系统令人沮丧。如果一个系统的性能开始下降，它们同样会被那些在系统性能良好时对它们大加赞扬的用户所拒绝。系统性能下降可以由许多原因导致：数据库对象设计不良；SQL 编写质量不高；资源争夺和自由空间问题等。

完成过程中产生的问题，是在数据库已运行一段时间后才产生的。起初，用户正在学习系统，SQL 的叙述显得相对简单，并不需要用户太多精力；随着用户对系统的信心逐渐增加，他们会建立更加复杂的解析模型，这使得他们接触更复杂的 SQL，使得即使是最充满活力的系统也会瘫痪。管理人员必须时刻警惕所有这些可能的系统问题的来源，从最罕见的到最平凡的，从细微的不易察觉的数据库对象设计流程到用户自身对自由磁盘空间的随意破坏。

业务是不断变化的。业务条件、企业组织、业务规则、业务数据和技术都会发生变化，每个领域的变动都不可避免地对数据库的结构和操作造成影响。这意味着数据库必须具备对这些变化做出响应的能力，以保持其对组织的价值，并平衡潜在的财务和资源投资。很多用户期望数据库能够迅速应对所有变化，他们希望响应的时间不再是通常需要的几天或几周，而是缩短到几个小时。

从传统意义上来说，业务规则是相对稳定的，并经常被直接编码进入应用程序。但是，今天全球竞争的大环境意味着业务规则必须频繁改变。因为这些大部分要转换成信息的数据需要正确定义的业务规范，因此数据仓库工程将需要一种方式去捕捉和管理随时变化的业务规则，以便数据仓库系统能持续更新。数据仓库应用程序需要为逻辑上复杂的业务应用程序提供一个应用程序发展环境，以便积极快速地向市场靠拢，提高对竞争态势的适应力。

数据仓库的逻辑模型（存储库）技术不仅能帮助管理人员管理元数据，还能协助管理整个数据库（甚至是企业内部的所有数据）。如果数据分析结果储存在存储库中，可以采用两种方法来管理整个企业的数据变化。较受欢迎的方法是，先对逻辑模型（存储库）进行变更。一旦数据库对象的变更过程记录在存储库中，相应的变更描述和参考清单就传送到数据库管理工具中，该工具专为管理各种分散数据库和数据库对象而设计。然后，该工具在企业范围内制定策略，以完成对主体结构和客户 / 服务商数据库的物理数据库修改。然而，许多组织在不报告存储库或数据存储情况下，会独立地在企业范围内对物理数据库进行改变。在这种情况下，独立的数据库管理员将使用数据库管理工具来修改其 DB2、Oracle、Microsoft、Sybase 或 Informix 数据库对象。存储库中包含有关数据库对象的信息，包括服务商信息以及不同数据元素之间的关系信息。一旦物理对象发生变化，存储库中的信息就可以供数据库管理工具使用，将变更传递到正确的数据库。

建立企业的体系化环境，不仅包括建立操作型和分析型的数据环境，还应包括在这一数据环境中建立企业的各种应用。数据被加载到数据仓库之后，下一步工作就是：一方面，让数据仓库中的数据服务于决策分析的目的，也就是在数据仓库中建立 DSS 应用；另一方面，根据用户使用情况和反馈来的新的需求，开发人员完善系统，并管理数据仓库的一些日常活动，通常把这一步骤称为数据仓库的使用与维护。

2. 元数据管理

目前，随着元数据成为企业重要的资源，企业需要完善的元数据管理功能。完善的元数据管理功能包括以下内容：

（1）支持企业范围内的体系结构。企业在开发应用程序、封装应用程序、决策支持数据库时，他们关心的是软件设计与开发、用户接口、操作管理、应用程序内部的消息传递、数据的协同工作能力。所有这些都驱使开发人员去理解各种元数据目录，以及它们在企业范围内的体系结构的作用。

（2）基于知识库的方法。元数据一般存储在其特定工具相关的属性知识库中。因此，企业可以要求提供一种机制，可以将其特定工具支持的元数据无缝地转移到一个共享的、公共的元数据知识库中。

（3）配置管理。元数据知识库必须提供标准的配置管理能力，如注册、退出、版本控制等。还需要提供抽取、修改元数据的定义以及将其定义存储到知识库中。此外，还必须具有在必要的时候将元数据恢复到某一个前版本的功能。

（4）支持开放的元数据交换标准。企业内部和外部对元数据的访问导致了对开放的元数据交换标准（MDIS）支持的需求。至少，企业元数据应该支持 MDIS。

（5）动态交换和同步。企业应该采用 MDIS，实现动态交换或同步，否则就需要一个开放的元数据交换工具。

（二）系统管理

系统管理包括服务水平、存储器管理、网络管理及安全管理等方面。

1. 服务水平

服务水平协议（SLA）已经成为被广泛接受的概念，它要求有很高的服务水平。SLA 表明了用户期望从使用的系统中得到的益处，其度量标准包括:（1）可利用性（一周中有几天，一天中有多少个小时可以使用该系统）;（2）在可以使用的时间内，系统可用性的百分比目标（例如，99.5% 的可用性）;（3）响应时间（处理一项事务的平均时间，或是在几秒之内能完成的百分比）;（4）完成批作业的调度;（5）数据的当前性;（6）灾难恢复措施（例如，能够在几个工作日内以恢复方式恢复系统的运作）。

数据仓库组织已经在这个方案中注入了大量资金，所以它期望见到很高的服务可靠性水平。在上面提到的度量标准中，由于大多数的数据仓库查询是易变的和不可预知的，所以响应时间的标准是难以确定的。其他因素，如可用时间和数据的当前性，都是要达到的。上面列出的常用度量标准中大多数都需要达到。如果数据查询的性质是无法预测的，或者变化很大，就必须放弃响应时间这一目标，至少对系统使用情况进行的监控足以确定某种可预知的模式或变化范围。因为数据仓库中的数据一般都经过了提取、变换和某种概括，所以应该将某些数据质量的度量结果包括在 SLA 中。数据质量包括当前性、准确性、完备性、时效性、安全性和保留时间等方面。

当前性，指业务数据在加载到数据仓库后，能够较快地对其进行实时更新。由于数据是在特定的时间间隔内加载到数据仓库中的，因此它无法达到与业务数据相同的实时性。只有在每天、每周或每月的刷新后，数据仓库才能具有一定的当前性。

准确性，包括业务规则、有效值、引用完整性以及在建立数据仓库时使用的正确衍生规则。为了获得有效的结果，还需要对源数据进行数据清洗。精确性通常不是关注的焦点，因为需求往往是对数据进行概括，而不一定要求 100% 的准确性。

完备性，反映了所有数据源中的数据是否都已加载。企业需要决定是否接受部分加载的数据，或者是否最好等待数据完全加载后再使用。有时两种方案都是合适的，SLA 应该包含这一政策。

时效性，指的是进行数据更新后，多久才能在数据仓库中体现出来。对于较大的数据库，加载时间可能需要一天甚至更长，因此提取时间和用户能够使用新数据的时间的间隔会延长。

安全性，能保证只有特许用户才能看到适当的数据。不同的用户能够使用的工具和数据类别也不同。在某些领域中，如卫生保健行业，保密性是特别重要的。但当数据经过概括以后，它的个人特征就减弱了。那时在业务系统中实施的安全控制也可适当放松了。然而，SLA 是关于网络服务供应商和客户间的一份合同，其中定义了服务类型、服务质量和客户付款等术语。大多数组织只允许用户看到与他们的工作直接相关的数据（如他们那个地区的销售情况，或者他们那部分公司的产品）。这种规定也应成为 SLA 的内容。

保留时间，指历史数据将被保留多长时间。有时数据会全部或部分地失去价值，组织必须决定是清洁它（删除它）还是将它存档（传送到不很费钱的离线存储媒体上去）。另一种方法是去除过时的细节数据，保留它的概括结果。注意，删除或转移多行数据并同时保持相关表格之间的引用完整性，并不是一件小事。这件工作必须像建立数据仓库一样要经过估计、规划和调整。清洁或存档的频率以及恢复已存档数据的速度，都是与用户达成的 SLA 中的一部分。

2. 存储器管理

数据仓库的存储容量需要适应不断增长的数据需求。近年来，企业信息经历了大量的增长，导致数据仓库中的新应用程序和元数据（关于数据的数据，包括索引、目录库和其他描述信息）迅速增加。这些新应用程序会导致组织对存储容量的需求增加 10% ~ 25%，具体原因包括：(1) 所收集的数量的类型增加；(2) 保存了更长时期内的历史数据；(3) 存储了不同格式的业务数据复制品以提高访问的便利性。但存储费用往往被忽视掉，而其他更有趣的问题，如数据格式和内容、DBM 和服务器，则吸引了实施人员的较多注意力。存储器管理主要包括以下两方面的工作。

第一，调整 I/O。调整 I/O 是性能管理最重要的一个方面。正如大多数性能专家所了解的那样，I/O 操作往往是响应时间中最大的一部分，因此，这项任务是不应该被忽视的。管理存储系统还包括数据的布局、传送、备份、清洁和存档（除非认为数据会毫无节制地增长下去，否则就要制定一个存档 / 清洁战略）。

第二，采用分布式配置方案使利用率最大。分布式配置方案中有多个服务器，每个服务器都有其专用的存储池。最好的情况是，数据存储系统具有把多个服务器与一个存储池相连接的灵活性，使利用率达到最大。毕竟，在多个服务器上保留备用容量，加在一起会产生大量的闲置空间。此外，要考虑配置方案，例如，把经常访问的数据分布在不同文卷上，以避免排队瓶颈。因为数据仓库中的数据一般不进行更新，所以物理布局的目的主要是优化检索操作。

存储器管理的其他工作还包括：(1) 在磁盘故障时能够传送数据；(2) 具有冗余部件，以缩短停机时间；(3) 联机维护；(4) 有助于防止服务中断。

如果数据仓库要求进行频繁的刷新，备份和恢复功能就不很重要，只要很快完成刷新满足用户的要求就可以了。

3. 网络管理

网络管理是对数据仓库有一组各不相同的平台的有效管理。新的用户不断联机上网，而且用户和设备总是不断转移到新地点上去。联网硬件，如 LAN 、WAN、集线器、路由器、开关和多路复用适配器，迅速大量增加。用户想访问公司数据和基于 Internet 的数据源，他们要求得到更大的频带宽度和更多的网络管理资源。管理这一环境是一个挑战。

简单的管理协议（SNMP）是网络管理领域中事实上的标准，大多数开发商都很注重开发基于 SNMP 的分布式网络管理工具。

网络管理工具应该具备的特点包括：(1) 支持分布式控制台——能够从几种不同控制台访问该工具；(2) 支持异质关系数据库——能在一个混合式环境中处理许多不同的 DBMS；(3) 可伸缩性——该工具能处理数目不断增加的服务器和平台而没有任何能力的损失；(4) 来自各种操作系统的警告(要求采取行动的出错消息) 接口；(5) 安全性——例如，用户名鉴定和对尝试无效访问的审计；(6) 跟踪概括报表时使用网络和实时使用网络的情况；(7) 度量网络响应性能；(8) 重要测量结果的图形化展示；(9) 协助进行故障查找——能够在出现问题时提供诊断；(10) 确认使用不足和使用过度的资源以平衡和调整工作负荷；(11) 优化工具，以改进整体性能。

由于网络管理工具技术复杂，一般让专门提供这方面服务的机构帮助公司确定最好的方案，提供网络规划、设计实现、管理和监控、远程或本地的服务。

4. 安全管理

提供数据访问和同时维持安全是一对矛盾。如果数据仓库中有多种不同的数据库平台，那么保持适当的安全水平就成了一个真正的挑战。安全水平可以分为三个层次：通过操作系统注册访问系统的安全、应用程序水平的安全以及数据库访问的安全。这些与数据库管理员有直接关系。

(1) 数据库安全。数据层次上的安全方法保证 DBMS 能控制数据访问，它降低了某些人忽视应用程序安全的可能性。它常常是与用户在某一用户群中的作用和地位联系在一起的。然后，该用户就有权进行某些操作或观察某些类别的数据。

①数据访问用 Grant 语句控制的安全管理。因为 Grant 语句可以被每张表格和每个用户使用，所以把表格归为一大类将大大简化管理工作。如果要求有比表格层次访问的粒度水平高的安全水平 (在行的水平上或列的水平上)，就需要在采用应用程序水平的安全措施和非规范化表格之间做出选择，这样 DBMS 软件才能控制访问。

②按任务分配用户，一项任务构成了一整套预先定义的表格特权。这

些表格是最终用户能够管理和控制的。例如，几个用户有从事地区品牌管理的任务，他们就可以观察与他们自己的地区和产品大类有关的数据。

③远程数据库访问的安全。当用户与远程数据库连接时，远程数据库的安全措施也要应用到这项事务上来。对于分布式查询而言，用户需要使涉及的每个数据库都享有安全特权。为了降低复杂程度，还可以为这些用户确定任务。通过应用群体对任务和表格划分类别，也就是在表格和访问规则之间建立了对应关系，使每一应用领域得到它自己的结合用户所有有效特许权的任务。数据仓库元数据库中的元数据有助于把安全规则编成文档。

(2) 分布式环境的安全。分布式环境有很多个入口点。入口点可以是Lan上的一个文件服务器、一个单独的工作站，或是企业中相互连接数据库中的任何一个。病毒可以以多种方式进入系统，并以极快的速度传播。

分布式数据库用户必须为数据仓库中的每个数据库制定安全措施，隔离并保存高度机密的信息是可以做到的，即使在一个节点可以进行未授权的访问，但通常只能局限在这一个节点上。

在建立整个系统的安全措施时，安全表格使最终用户规定他们自己的标识符并且只让他们注册一次，安全子系统自动地管理着他们对网络、操作系统、数据库和应用程序的访问。如果系统的每个部件（网络注册、工作站、数据库）都要求口令，用户一般就会选择简单的、能猜得出来的口令，或者把它们写在便于看到的地方，这样整个方案就失去了意义。最好是使用一种能让一个口令控制许多系统访问的工具。虽然安全管理软件正在不断地改进，但与已经在集中式系统中使用了这么多年的工具相比，仍然不够先进。随着时间的推移，这些软件包将改进到让管理人员控制各种不同平台就好像控制集中式系统一样轻松的程度。

二、数据仓库的优化

第一，编写优秀的程序代码。在处理数据时，编写高质量的程序代码至关重要，尤其是在进行复杂数据处理时，必须依赖程序。良好的程序代码不仅关乎数据处理的准确性，更关乎处理效率。优秀的代码应该包括精良的算法、清晰的处理流程、高效的执行以及良好的异常处理机制等。

第二，对海量数据进行分区操作。针对海量数据进行合理的分区操作是十分必要的。例如，对按年份存储的数据可以按年进行分区，不同的数据可以采用不同的分区方式，但处理机制大体相同。以 SQL Server 为例，数据库分区时可以将不同的数据存储于不同的文件组中，而文件组则存储于不同的磁盘分区中，通过这样的方式将数据分散存储，降低磁盘 I/O，减轻系统负担，同时可以将日志、索引等放置于不同的分区中。

第三，建立缓存机制。随着数据量的增加，一般的处理工具都需要考虑到缓存问题，而良好与否的缓存设置直接影响数据处理的成功与否。例如，在处理 2 亿条数据的聚合操作时，将缓存设置为 100000 条 / 缓冲区，对于这个级别的数据量是可行的，有助于提升处理效率。

第四，增加虚拟内存。当系统资源有限，提示内存不足时，可以通过增加虚拟内存来解决。在实际项目中，工程人员曾经遇到过处理 18 亿条数据的情况，一台使用内存为 1 GB 的 Pentium 42.4 GB 的 CPU，在对如此庞大的数据进行聚合操作时，可以采用增加虚拟内存的方式，即在六块磁盘分区上分别建立六个大小为 4096 MB 的磁盘分区，用于虚拟内存。这样，虚拟内存就增加到了 4096 × 6+1024=25600 MB，解决了数据处理中内存不足的问题。

第五，分批处理。解决海量数据处理难的一个技巧是减少数据量。可以对海量数据进行分批处理，然后将处理后的数据再进行合并操作。这样逐个击破，有利于小数据量的处理，不至于面对大数据量带来的问题。当然，这种方法需要根据具体情况灵活应用。如果不允许拆分数据，就需要采用其他方法。

第六，使用临时表和中间表。随着数据量的增加，处理中需要考虑提前进行汇总。这样做的目的是将大表分解为小表，分块处理完成后，再利用一定的规则进行合并。在处理过程中，临时表的使用和中间结果的保存都非常重要。对于超大规模的数据，如果大表无法处理，只能将其拆分为多个小表。如果处理过程需要多步汇总操作，可以逐步进行，以避免一次性处理造成的负担。

第七，优化 SQL 查询语句。在处理海量数据的查询过程中，SQL 查询语句的性能对查询效率的影响巨大。编写高效和优秀的 SQL 脚本和存储过程是数据库工作人员的职责，也是检验数据库工作人员水平的一个标准。例如，在编写 SQL 语句时，可以减少表的关联，尽量避免使用游标，设计高效的数据库表结构等，都是非常必要的。

第八，使用文本格式进行处理。对于一般的数据处理，可以选择使用数据库，但对于复杂的数据处理，尤其是需要借助程序的情况下，应该优先选择程序操作文本。这是因为程序操作文本具有较快的处理速度，文本处理不容易出错，而且文本的存储不受限制等优势。例如，一般的海量网络日志，通常是以文本格式或 CSV 格式（文件格式）存在的，对其进行处理涉及到数据清洗，最好利用程序进行处理，不建议先导入数据库再进行清洗。

第九，定制强大的清洗规则和出错处理机制。海量数据中存在着不一致性，极有可能出现某些数据的瑕疵。例如，同一数据中的时间字段可能是非标准的，出现这种情况可能是由于应用程序的错误、系统错误等。在进行数据处理时，必须制定强大的数据清洗规则和出错处理机制，以应对这些潜在问题。

第十，使用数据规约进行数据挖掘。基于海量数据的数据挖掘正逐步兴起。面对超大规模的数据，一般的挖掘软件或算法通常采用数据采样的方式进行处理，以确保误差不会太大，大大提高了处理效率和成功率。在进行采样时，需要注意数据的完整性，以防止过大的偏差。例如，对于包含 1.2 亿行数据的表进行采样，抽取出 400 万行，经过软件测试处理的误差为 5/107，这样的结果客户通常可以接受。

第三节　数据仓库与数据挖掘的关系

数据仓库与数据挖掘的关系在企业信息化和决策层面扮演着关键的角色。深入理解这两者之间的协同作用对于推动企业数据驱动决策、提升竞争力至关重要。

一、数据仓库为数据挖掘提供基础

第一，数据仓库提供高质量的数据。数据挖掘的结果依赖于输入数据的质量。数据仓库通过数据清洗、集成和转换的过程，提供了高质量、一致的数据。这为数据挖掘提供了可靠的基础，避免了噪声和不一致性对挖掘结果的影响。

第二，数据仓库支持复杂的查询和分析。数据挖掘通常需要对大量数据进行复杂的查询和分析。数据仓库的结构和查询性能优化，使得用户能够高效地从庞大的数据集中提取有用的信息。数据仓库提供了多维数据模型，支持 OLAP（联机分析处理）操作，使得用户能够以多个维度探索数据，为数据挖掘提供了更多的可能性。

第三，数据仓库提供历史数据支持。数据仓库存储了大量的历史数据，包括过去的交易、事件和决策记录。这些历史数据对于数据挖掘的模型训练和验证至关重要。通过分析历史数据，挖掘出潜在的模式和趋势，为未来的预测和决策提供参考。

第四，数据仓库为数据挖掘提供标准化的数据格式。数据仓库通常采用统一的数据模型和标准化的数据格式，这使得数据挖掘工作者能够轻松地理解和访问数据。标准化的数据格式减少了数据解释和转换的复杂性，提高了数据挖掘的效率。

第五，数据仓库支持实时数据挖掘。随着业务的发展，对实时数据挖掘的需求越来越大。数据仓库的一些先进特性，如实时数据加载和处理能力，使得数据挖掘可以在更短的时间内获得最新的信息，提高了决策的及时性。

二、数据清洗与整合优化数据挖掘效果

（一）数据清洗的重要性

第一，去除噪声。原始数据中常常包含各种噪声，如错误的数据、异常值等，这些噪声会对数据挖掘的结果产生不良影响。数据清洗通过识别并剔除这些噪声，提高了数据的质量和可信度。

第二，处理缺失值。实际业务中，数据可能存在缺失值，而数据挖掘算法对缺失值通常是敏感的。数据清洗的过程包括填充或删除缺失值，确保数据集的完整性，避免因缺失值而导致的挖掘结果不准确。

第三，数据标准化。不同数据源中的数据通常具有不同的单位、格式和度量标准，这会导致挖掘过程中的混乱和误导。数据清洗通过标准化数据，使其具有一致的度量标准，有助于挖掘算法更好地理解和处理数据。

(二) 数据整合优化

第一，统一数据格式。数据整合是将不同来源的数据整合为一个统一的数据集，统一的数据格式有助于数据挖掘算法更好地理解数据。这种一致性有助于提高模型的泛化能力，从而改善挖掘的效果。

第二，构建特征工程。数据整合过程中，可以根据业务需求构建更加有意义的特征。特征工程是数据挖掘中的关键环节，通过合理的特征构建，可以提高模型的表现。数据整合为特征工程提供了丰富的数据基础。

第三，支持关联分析。数据整合后的数据集包含了更多的维度和信息，这有助于挖掘数据中的关联规则。关联分析是数据挖掘中的一项重要任务，通过挖掘数据中的关联关系，可以发现隐藏在数据背后的有价值信息。

第四节　数据挖掘的主要方法

数据挖掘是在大量的数据下进行的。数据挖掘任务可以分两类：描述和预测。描述性挖掘任务刻画数据库中数据的一般特性。预测性挖掘任务是在当前数据上进行推断，以进行预测。在某些情况下，用户不知道他们的数据中什么类型的模式是有趣的，因此可能想并行地搜索多种不同的模式。这样，重要的是，数据挖掘系统要能够挖掘多种类型的模式，以适应不同的用户需求或不同的应用。此外，数据挖掘系统应当能够发现各种粒度（不同数据抽象层次）的模式。数据挖掘系统应当允许用户给出提示，指导或聚焦有趣模式的搜索。由于有些模式并非对数据库中的所有数据都成立，通常每个被发现的模式会带有确定性或“可信性”度量。下面简要介绍几种数据挖掘功能以及它们可以发现的模式类型。

数据可以与类或概念相关联。例如，在某商店，销售的商品类包括计算机和打印机，可用汇总的、简洁的、精确的方式描述每个类和概念，这种类或概念的描述称为概念描述或特征描述。这种描述可以通过下述方法得到：(1) 数据特征化，汇总所研究类（通常称为目标类）的数据；(2) 数据区分，将目标类与一个或多个比较类（通常称为对比类）进行比较；(3) 数据特征化和比较，数据特征是目标类数据的一般特征或特性的汇总。有许多有效的方法可以将数据特征化和汇总。

数据特征的输出形式具有多样性，涵盖饼图、条图、曲线图、多维数据展示以及包含交叉表在内的复杂多维表格。对于结果的阐释，亦可采用泛化关系或特征规则的表述方式。以两组不同购买频率的客户群体为例，即高频购买计算机产品（如每月至少两次）的客户与低频购买（如每年不足两次）的客户，通过数据挖掘技术可揭示其内在特征。具体而言，频繁购买的客户群体中，约80%的个体年龄介于20～40岁，且普遍拥有大学学历；相比之下，不常购买的客户群体中，高达60%的个体要么年龄偏大要么偏年轻，且未获得大学学历。进一步地，依据职位、收入水平、居住地等多维度特征进行深入分析，能够发掘出更加丰富细致的客户特征描述。

一、关联规则

关联规则分析是另一种无监督学习方法，与之前提到的方法一样，它也不包括“预测”过程，主要用于发现数据之间的关联性。这种方法也被称为购物篮分析，常用于分析销售交易数据，并识别哪些商品经常一起出现在同一个购物篮中。关联规则分析通常用于确定常见的商品组合和规则，以促进交叉销售。在关联规则分析中，每一项数据可以被看作一个物品。这个分析任务有两个主要目标：第一，找出哪些物品经常一起被购买；第二，确定这些物品之间的关联规则。这种方法的典型应用包括：(1）识别哪些商品通常被同时购买；(2）分析购买某一产品的顾客更倾向于购买哪些其他产品。

关联规则挖掘的目标是寻找数据之间的“有价值”的关联，而这个“有价值”性质取决于所使用的挖掘算法。关联规则的一般表达形式是：当某人购买产品X时，也有可能购买产品Y。在这个过程中，有两个关键阈值用来评估关联规则的重要性，即支持度和置信度。

二、分类

分类就是找出一组能够描述数据集合典型特征的模型（或函数），以便能够分类识别未知数据的归属或类别，即将未知事例映射到某种离散类别之一的方法。用通俗的语言来描述的话可以这样理解分类，即根据已有的实例建立一个模型，使之能够识别对象所属类别，该模型可以用于将未定类别的对象划分到已知类别的工作。

用于分类分析的技术有很多，其中典型的方法包括统计方法的贝叶斯分类、机器学习的决策树归纳分类、神经网络的后向传播分类等。近来，数据挖掘技术也将关联规则用于分类问题。此外，还有其他的分类方法，包括K 均值分类、最小边界矩形（MBR）、遗传算法、粗糙集和模糊集方法。目前尚未发现其对所有数据都优于其他方法的方法。实验研究表明，许多算法的准确性非常相似，其差异在统计上可能不太显著，但计算时间可能会显著不同。与分类相似的另一个操作是预测。分类通常用于预测未知数据实例的归属类别（有限离散值），如预测一个银行客户的信用等级是属于 6 级、5 级还是 4 级，或者预测直邮收件人是否会有反馈。然而，在某些情况下，需要预测某数值属性的值（连续数值），这样的分类被称为预测。尽管预测既包括对连续数值的预测，又包括对有限离散值的分类，但一般来说，使用术语"预测"来表示对连续数值的预测，而使用"分类"来表示对有限离散值的预测。

典型的分类应用在商业中包括客户识别、老客户维系、新客户获取等方面。以一个具体的例子说明，假设有一个顾客邮件地址数据库，其中包含有关顾客情况的描述，如年龄、收入、职业和信用等级等属性。商家希望将顾客分为是否会在本商场购买商品的两类，以便有针对性地进行市场推广。

当新顾客的信息被加入数据库时，需要根据对该顾客是否会成为电脑买家进行分类识别，即对顾客购买倾向进行分类。这样的分类模型可以帮助商家决定是否给该顾客发送特定商品的宣传册。与不加区分地向每位顾客发送促销宣传册相比，有针对性地向有最大购买可能性的顾客发送其所需商品的广告，符合高效、节俭的市场营销策略。因此，为满足这种应用需求，需要建立顾客购买倾向的分类规则模型。这样的模型可以通过分析顾客数据库中的属性信息，训练出适用于该商家的分类规则，从而在未来识别新加入顾客的购买倾向，为市场推广提供有针对性的决策依据。

三、聚类

聚类分析从名字上来看与分类很相近，在一些非专业文章中也会把这两种操作合称为分类，但在数据挖掘中还是需要明确加以区分。一般来说，聚类指的是根据最大化簇内的相似性、最小化簇间的相似性的原则将数据对象聚类或分组，所形成的每个簇可以看作一个数据对象类，用显式或隐式的方法加以描述。

聚类分析与分类预测方法明显不同之处在于：后者所学习获取分类预测模型所使用的数据是已知类别归属，属于有教师监督学习方法；而前者（无论是在学习还是在归类预测时）所分析处理的数据均是无类别归属（事先确定），类别归属标志在聚类分析处理的数据集中是不存在的。究其原因很简单，它们原来就不存在，因此聚类分析属于无教师监督学习方法。简而言之，在分类时，有已知的实例作为学习划分的参考，而聚类操作时并没有这些参考信息，完全需要根据对象本身的特征完成划分过程。

四、回归分析

回归分析是一种类似于分类任务的方法，但其主要目标不在于寻找描述类别的模式，而是确定数值关系模式。以简单线性回归为例，该方法建立了一个函数，通过输入值来预测输出值。更为复杂的回归方法支持分类和数值输入，其中常见的是线性回归和逻辑回归。在解决各种商业问题时，回归分析发挥着重要作用。例如，根据债券的属性（面值、发行方式、数量和发行季节）来预测其赎回率；或者根据气象数据（温度、大气压力和湿度）来预测风速。回归分析关注的是输入变量与结果之间的关系，通常用于了解目标变量如何随属性变量的变化而变化。回归分析的结果可以是连续的或离散的，如果是离散的，还可以预测各个离散值的概率。

第一，线性回归。线性回归是回归分析的一种经典方法，广泛用于统计学。其核心思想是使用权重线性组合属性，以表示输出的数值。尽管线性回归对于处理数值型连续数据的预测非常有效，但当数据之间存在非线性关系时，线性模型可能无法很好地拟合。然而，线性模型通常被用作学习更复杂模型的基础。

第二，逻辑回归。逻辑回归用于估计事件发生的概率模型，同时也可以看作一个分类器，预测概率最高的类别。逻辑回归适用于输入变量既可以是连续的也可以是离散的情况。它特别适用于处理二元分类问题，如真 / 假、批准 / 拒绝、有回应 / 无回应、购买 / 不购买等。逻辑回归的输出是概率分数，通常在 0 到 1 之间，可用于预测概率最高的类别。

第三，朴素贝叶斯。朴素贝叶斯分类器是一种基于贝叶斯理论的概率分类器，通常用于处理离散型数据。虽然它假设属性之间相互独立，但这在实际应用中经常不成立，但朴素贝叶斯仍具有坚实的数学基础和高效的分类性能。该算法输出分类的概率分数，通常可用于预测概率最高的类别。

第四，决策树。决策树是一种常见且灵活的方法，用于开发数据挖掘应用。分类树用于将待预测的数据划分为同质组（分配类标签），通常用于二元或多类分类。回归树是回归任务的变种，通常每个节点返回目标变量的平均值。决策树可应用于连续和离散型输入变量，其输出是描述决策流程的树状模型，叶子节点包含类别标签或类别标签的概率分数。决策树的结果容易可视化，因为它表示为一系列“如果……则……”规则。

第五节　数据挖掘的设计与应用

一、数据挖掘的系统设计

在设计数据挖掘系统时应该重点考虑以下方面。

第一，数据挖掘系统怎样与数据源集成。一般来讲，数据挖掘系统与数据源集成的方式有四种：不耦合、松散耦合、半紧密耦合、紧密耦合。不耦合是指数据挖掘系统不利用数据源的任何功能；松散耦合是指数据挖掘系统利用数据源系统的某些工具；半紧密耦合是指将数据挖掘系统连接到数据源系统，并将一些基本数据挖掘原语、一些频繁使用的中间数据挖掘结果的计算等，在数据源系统中实现并存储；紧密耦合是指将数据挖掘系统平滑地集成到数据源系统，数据挖掘系统是信息系统的一个部分，数据挖掘任务根据数据源系统的功能进行优化与实现。

第二，数据挖掘系统怎样指定目标数据集。说明与数据挖掘任务相关的数据、用户感兴趣的数据或者要进行挖掘的数据。通常情况下，与数据挖掘任务相关的数据只是整个数据源的一个子集。例如，某商场的家电部门经理可能对家电的销售数据感兴趣，他可能会在家电的销售数据上进行数据挖掘，而不是整个商场的销售数据。在目标数据集上进行数据挖掘有助于提高效率，减少无用模式的数量，尤其是在复杂性、模式数量与数据量呈现指数增长的情况下更为突出。因此，数据挖掘系统应该提供用户指定目标数据集及相关属性的功能。

第三，数据挖掘系统怎样指定数据挖掘任务。指定数据挖掘任务即明确用户感兴趣的知识类型，或欲从数据中挖掘出的知识类型，这是数据挖掘系统的核心。知识类型主要包括特征规则、比较规则、关联规则、聚类规则、分类规则、预测规则等。然而，用户可能只对其中一种或几种知识类型感兴趣，有时甚至可能不太明确自己感兴趣的知识类型。因此，一个全面的数据挖掘系统应该提供多种数据挖掘功能，以便用户能够选择并明确指定数据挖掘任务。

第四，数据挖掘系统怎样解释与评价模式。通过指定目标数据集与数据挖掘任务可以减少产生的模式数量，但仍可能生成大量的模式。在这些模式中，有些可能是冗余或无用的，而用户关心的模式、有趣的模式或知识只占其中的一小部分。因此，数据挖掘系统应该提供帮助用户解释与评价模式的功能，使用户能够从众多的模式中筛选出有趣的模式，或者在数据挖掘过程中引导模式搜索，将搜索范围限制在有趣的模式上，从而提高数据挖掘的效率。在数据挖掘系统中，可以通过设置兴趣度阈值，根据模式的可信度、新颖度、可用度和简单度等指标来评价模式。

第五，数据挖掘系统怎样利用领域知识。在数据挖掘系统中，领域知识非常重要，它可以指导数据挖掘过程及模式解释与评价。领域知识一般由系统用户、领域专家提供，有些领域知识也可以通过分析数据自动提取。

二、数据挖掘的具体应用

第一，天文学等科学应用研究。从科学研究方法学的角度来看，随着先进的科学数据搜集工具的使用，如观测卫星、遥感器、DNA（脱氧核糖核酸）分子技术等，数据量非常大，传统的数据分析工具无能为力，因此必须有强大的自动数据分析工具才行。数据挖掘在天文学上有一个有名的应用系统：SKICAT（天体分类与分析工具），它是美国加州理工学院喷气推进实验室与天文学家合作开发的数据挖掘应用系统，不仅提供对数据库的管理，还能通过训练辨认和识别天体，这对于帮助天文学家发现遥远的类星体的形成及早期宇宙的结构有很大帮助，也是人工智能技术在天文学和空间科学上的第一批成功应用案例之一。它的主要贡献是实现了分类建立、分类管理和统计分析功能。利用 SKICAT，天文学家已经发现了 16 个新的遥远的类星体。

数据挖掘在生物医学上的应用主要集中在分子生物学特别是基因工程的研究上。近几年，通过用计算生物分子系列分析的方法，尤其是基因数据库搜索技术已在基因研究上实现了很多重大发现。关联和序列分析可以发现频繁出现在患者基因中的序列，这可能预示它是该疾病的致病因素，从而通过药物干预它的表达，达到预防和诊治的目的。

第二，竞技运动。Advanced Scout 是 IBM 公司开发的数据挖掘应用软件，教练可以用便携式电脑在家里或路上挖掘储存在 NBA 中心服务器上的数据。每一场比赛的事件按得分、助攻、失误等统计分类。时间标记让教练非常容易地通过搜索 NBA 比赛的录像来理解统计发现的含义。例如，教练通过 Advanced Scout 发现本队的球员在与对方一名球员对抗时有犯规记录，他可以在对方球员与这个队员“头碰头”的瞬间分解双方接触的动作，进而设计合理的防守策略。

第三，金融领域。银行和金融机构往往持有大量的关于客户的、各种服务的以及交易事务的数据，并且这些数据通常比较完整、可靠、质量高，这极大地方便了系统化的数据分析和数据挖掘，在银行业，数据挖掘被用来建模、预测，识别伪造信用卡，估计风险，进行趋势分析、效益分析和顾客分析等。在此领域运用数据挖掘，可以进行贷款偿付预测和客户信用政策分析，以调整贷款发放政策，降低经营风险。

第四，零售业。计算机在零售业中的使用率越来越高，大型超市都配备了完善的计算机及数据库系统。零售业积累了大量的销售数据、顾客的购买记录、货物的进出记录，这些数据中真正有价值的信息是哪些？这些数据之间有什么关联？要回答这些问题，就需要对大量的数据进行深层分析，从而获得有利于商业运作、提高竞争力的信息。数据挖掘技术有助于识别顾客的购买行为，发现顾客的购买模式和趋势，改进服务质量，获得更高的顾客保持力和满意度，降低零售业的成本。

第五，金融投资。典型的金融投资分析领域有投资评估和股票交易市场预测，分析方法一般采用模型预测法（如神经网络或统计回归技术）。数据挖掘可以通过对自己已有数据的处理，找到数据对象之间的关系，然后利用得到的模式进行合理的预测。这方面的系统有 Fidelity Stock Selector 和 LBSCapital Management。前者的任务是使用神经网络模型选择投资，后者则使用了专家系统、神经网络和基因算法技术辅助管理多达 6 亿元的有价证券。

第六，产品制造。在产品的生产制造过程中常常伴有大量的数据，如产品的各种加工条件或控制参数，这些数据反映了每个生产环节的状态，不仅为生产的顺利进行提供了保证，而且通过对这些数据进行分析，得到产品质量与这些参数之间的关系。通过数据挖掘对这些数据进行分析，可以对改进产品质量提出一些针对性很强的建议，有可能提出新的、高效的控制模式，从而为制造厂家带来极大回报。

第六章　大数据分析技术与应用

大数据分析技术及其应用帮助企业优化运营、提高效率、推动创新，对社会发展产生积极影响。基于此，本章主要探讨大数据预测分析方法、大数据的采集处理、大数据分析平台及架构、大数据分析技术的应用。

第一节　大数据预测分析方法

近几年，我国大数据发展迅速，大数据分析得以广泛地应用在各个领域及各行业内，对于提升行业的发展速度有着积极的促进作用。[①] 从商业角度看，预测分析最重要的方面是它使企业具有高瞻远瞩的能力。大数据的应用核心就是大数据预测。大数据一个重要的用途就在于根据建立的模型预测未来某一事件的发生，据此进行人为干预，使其朝着理想的方向发展。

一、大数据预测分析方法的过程

创建一个完整的预测解决方案，首先需要对问题明确定义，然后执行数据分析和预处理。之后将数据提交给一种预测技术以进行模型构建，进而评估模型的准确度。根据模型的准确度以及预测错误相关的成本设定来鉴别阈值。之后，将业务决策与不同的阈值建立关联。最后，当将预测解决方案导出为一个预测模型标记语言文件时，即可对其进行部署和使用。完成这些步骤后，预测分析就真正履行了其承诺：从历史数据中学习有价值的模式并使用它们预测未来。

（一）数据采集和预处理

数据构成预测的基础。在当前大数据时代，数据量呈指数级增长。大

① 王鑫．大数据分析与情报分析关系 [J]. 科学与信息化，2023(11)：52-54.

数据平台的出现使得海量数据的采集和处理变得高效。非结构化数据，如日志、传感器流和语言文本，通过 Hadoop 平台被装载和高效处理，转换成结构化数据，以便输入预测模型。

数据是预测的基础。缺乏足够的数据可能导致模型无法学习，从而难以训练出有意义的模型。某些预测模型的学习需要数以千计的记录，而这正是大数据平台的优势所在。数据的质量直接关系到所学习模型的质量。在客户流失的例子中，这个阶段需要将表示某位客户的一组输入字段合并为一条记录，这条记录可能包括客户的特征，如年龄、性别、邮政编码、最近若干个月购买的商品数和退货的商品数，同时包含一个目标变量，用于指示该客户是否在过去流失。然后，可以用数学方法将一个客户记录描述为多维特征空间中的一个向量，因为需要使用多个特征来定义客户的类型。当所有客户记录汇总在一起时，就形成了包含数百万条记录的数据集。

(二) 预测模型的开发

模型培训可以从数据中获悉模式。在培训期间，所有数据记录都呈现出一种预测技术，该技术能够从数据中获悉模式。如果发生客户流失，数据中将包含可以区分流失客户和非流失客户的模式。注意，这里的目标是在输入数据 (年龄、性别、最近一个月购买的商品数量等) 和目标或因变量 (流失和非流失) 之间创建一个映射函数。

许多预测建模技术都可用于将这些大数据转换为洞察和价值，包括决策树、支持向量机 (SVM)、神经网络 (NN)、聚类、逻辑回归模型、关联规则等。不同的系统和供应商支持不同的技术，但几种技术受到大多数商业或开源模型构建环境的支持。这些技术是通过学习大量历史数据中隐含的模式来实现这一点的。完成学习后，将生成一个预测模型。对模型进行验证后，就意味着该模型能够归纳所学习的知识，并将归纳结果应用到新的情景中。

(三) 模型验证与评估

在建立预测模型的过程中，验证模型的有效性、准确性和推广性是必要的。通常将多达 30% 的数据保留用于模型验证，以确保客观评估模型的表现，这是一个良好的实践。模型培训完成后，快照提供了模型健康状况的及时信息，而模型并非必须达到 100% 的准确度。预测模型通常因其错误预测而被知晓，但目标是最大限度地减少错误并实现大量正确的预测。

为了使用专业术语进行预测分析，模型需要具有较低的假阳性（FP）率和假阴性（FN）率，即高真阳性（TP）率和真阴性（TN）率。对于客户流失问题，正确预测高风险流失客户为 TP，而正确预测继续忠诚客户为 TN。然而，错误指定高风险流失客户或低风险客户会导致 FP 或 FN。

预测模型的原始输出通常在 0 ~ 1 或 1 ~ −1，但为了易于理解，通常会转换为 0 ~ 1000 的值。后处理涉及将评分嵌入业务流程，将评分转化为业务决策。例如，在客户流失问题中，高风险客户可能需要特别的挽留计划。使用不同的阈值可以制定不同的业务决策，考虑到 TP 、FP 及其相关成本。

预测模型不是过去业务规则的决策管理解决方案，而是将模型嵌入规则。通过结合业务规则和预测分析，企业能够综合专家知识和数据驱动知识，智能地做出决策。这种整合能够提供智能和强大的决策功能，同时考虑到多个重要的决定性因素，使得决策管理解决方案更为高效。

（四）大数据预测操作部署

在预测模型操作部署阶段，使用预测模型标记语言（PMML）标准能够实现预测模型的轻松迁移和跨系统应用。PMML 允许在不同应用程序（如 SAS、SPSS、R 等）中构建、验证和保存预测模型，并以一个与平台无关的文件形式进行迁移。所有主流的商业和开源统计及数据挖掘工具都支持 PMML。PMML 简化了预测解决方案的迁移，允许企业和个人通过单一语言表示整个预测解决方案，与开发环境无关。它涵盖了从数据预处理和模型构建到模型评分后处理的所有阶段，可在一个文件中呈现。

基于 XML 的 PMML 遵循明确定义的结构，使用元素和属性定义 Data Dictionary、Mining Schema、Transformations Dictionary、特定模型元素（如 Neural Network、Tree-Model、Support Vector Machine Model、Scorecard 和 Regression Model）以及 Output 等内容。此外，PMML 包含验证、解释和评估模型的特定元素，以清晰结构的方式呈现完整的预测解决方案。

PMML 作为预测解决方案交换的定义，不仅在数据分析、模型构建和部署系统之间建立桥梁，也在涉及的所有人员和团队之间搭建连接。目前，市场上所有用于模型开发的统计工具都支持 PMML 导出模型，部分工具提供导入功能，以可视化模型并进行优化。KNIME 等开源环境和商业产品如 SAS、SPSS 都支持 PMML。

（五）实时预测分析的应用

预测分析在欺诈检测、医疗保健、产品推荐和故障诊断等领域有着广泛的应用。其中，欺诈检测是一项非常成功的预测分析应用。在信用卡交易或在线支付时，其实时分析客户交易以检测潜在的欺诈行为成为可能。在医疗保健领域，预测分析具有重要的应用价值。它可以了解哪些患者更有可能患某种疾病，可以制定预防措施以降低风险，并最终拯救人的生命。

互联网企业利用预测分析来进行产品和服务的推荐。目前，这一技术已经发展到能够根据用户的最爱商店和商家推测出优质的影片、图书和音乐推荐。同时，基于用户的电子邮件、在线留言和搜索历史等内容，预测用户的品位和偏好，以推出有针对性的营销活动。

此外，预测分析还涉及从传感器数据中提取信息的其他应用领域。

二、大数据预测分析方法的类型

（一）基于回归分析的预测方法

回归分析是通过对观察数据的统计分析和处理，研究与确定事物间的相关关系和联系形式的方法。运用回归分析法寻找预测对象与影响因素之间的因果关系，建立回归模型进行预测的方法，称为因果回归分析法。另外，按照方程中影响预测对象因素的多少，分为简单回归分析法和多重回归分析法。并且在回归分析中，当自变量和因变量的关系不能简单地表示为线性方程时，可采用非线性估计来建立回归模型。

大数据独有的特点给统计分析带来了新的机遇和挑战。一方面，大数据提供的数据量庞大，给实施统计计算和最后完成统计估值、检验带来了问题；另一方面，大数据包含抽样个体的大量特征信息，即样本的个异性和高维性。个异性和高维性给统计分析与计算带来了许多问题，比如数据噪声累积叠加、数据的异母体性、数据的假关联性等。同时，大数据的海量样本规模也引入了数据搜集的偏差性特征，即样本信息的缺失等问题。为了应对这些挑战，需要对传统的回归分析进行一定的优化，如加入并行化计算、数据的预处理或者与机器学习相结合等。另外，大数据预测分析比传统预测分析更为复杂的一点在于：目前大数据预测没有标准的处理模式和检验方式，需要针对每一次应用场景对传统方法进行优化，从而给出个性化的解决方案。另外，回归预测分析还可以用来改进大数据分析平台，提高数据处理速度。

(二) 基于时间序列分析的预测方法

回归分析法是从研究客观事实的关系入手，建立单一回归模型进行预测的方法。但有时影响预测对象的因素错综复杂或有关影响因素的数据资料无法得到，回归分析法无能为力。而采用时间序列分析法，能达到预测的目的。时间序列分析法是依据预测对象过去的统计数据，找到其随时间变化的规律，建立时序模型，以推断未来的预测方法。其基本设想是：过去的变化规律会持续到未来，即未来是过去的延伸。

时间序列平滑法是利用时间序列资料进行短期预测的一种方法。其基本思想在于：除一些不规则变动外，过去的时序数据存在着某种基本形态，假设这种形态在短期内不会改变，则可以作为下一期预测的基础。平滑的主要目的在于消除时序数据的极端值，以某些比较平滑的中间值作为预测的根据。

客观事物的发展是在时间上开展的，任一事物随时间的流逝，都可以得到一系列依赖于时间 t 的数据：Y_1，Y_2，…，Y_n，其中 t 代表时间，单位可以是年、季、月、日或小时。依赖于时间变化的变量 Y 称为时间序列，简称时序列，记作 $\{Y_t,\ t=t_0,\ t_1,\ \cdots\}$ 或 $\{Y_t,\ t=1,\ 2,\ \cdots\}$。

若事物的发展过程具有某种确定的形式，随时间变化的规律可以用时间 t 的某种确定函数关系加以描述，则称为确定型时序，以时间 t 为自变量建立的函数模型为确定型时序模型。若事物的发展过程是一个随机过程，无法用时间 t 的确定函数关系加以描述，则称为随机型时序，建立的与随机过程相适应的模型为随机型时序模型。时间序列平滑法、趋势外推法、季节变动预测法被视为确定型时间序列的预测方法；马尔可夫法、博克斯—詹金斯法为随机型时间序列的预测方法。

目前，大多数时间序列分析框架的主要目的是预测。这个框架的前两个步骤跟数据挖掘过程一样，数据收集，数据转换、过滤，接着就是对准备的数据降维。接下来的两个过程分别为标准化数据以及输出用以作决策的信息。根据商业规则进行信息评估和翻译。预测分析的准确度是根据统计的方法进行计算的。

随着大规模数据处理变得越来越普遍，如何解决时间序列分析中计算效率和数据预处理等问题变得十分重要。目前大多数数据预处理技术，为了去除噪声并且纠正数据中的不一致，就要用到数据清理技术；为了把多源数据合并成为一个连贯的数据仓库，就要用到集成技术；为了标准化数据，就要用到转换技术。数据压缩在时序分析的预处理阶段是一项很有意义的技术，它可以通过聚集，消除冗余成分来减小数据规模。为了能够很好地解决大数据带来的时间序列分析中的噪声等问题，将时间序列分析与复杂网络、机器学习等方法相结合进行预测分析。另外，为了解决运算速度问题，可以加入并行计算技术来解决。

(三) 基于深度学习的预测方法

大数据时代背景下，如何对纷繁复杂的数据进行有效分析，让其价值得以体现和合理的利用，是当前迫切需要思考和解决的问题。另外，在大数据环境下，训练数据不充足的瓶颈已经突破，大数据内部隐藏的复杂多变的高阶统计特性也正需要深度结构这样的高容量模型来有效捕获。因此，大数据与深度学习是必然的结合，互为助力，推动各自的发展。

深度学习是新兴的机器学习研究领域，旨在研究如何从数据中自动地提取多层特征表示，其核心思想是通过数据驱动的方式，采用一系列的非线性变换，从原始数据中提取由低层到高层、由具体到抽象、由一般到特定语义的特征。

1. 浅层结构与深度结构

浅层结构模型，通常包含不超过一层或两层的非线性特征变换，如高斯混合模型（GMM）、条件随机场（CRF）、支持向量机（SVM）及含有单隐层的多层感知机（MLP）等。理论上，只要给定足够多的隐层单元节点，任何复杂函数都可以通过含有单隐层的非线性变换模型拟合。但随着函数复杂度的增加，所需参数数目相对于输入数据维度呈指数增长，因此在实际应用中难以实现。而深度结构通过分层逐级地表示特征，有效降低了参数数目。在处理计算机视觉、自然语言处理、语音识别等人工智能的复杂问题时，深度结构比浅层结构更易于学习表示高层抽象的函数。

深度结构模型，具有从数据中学习多层次特征表示的特点，这与人脑的基本结构和处理感知信息的过程很相似，如视觉系统识别外界信息时，包含一系列连续的多阶段处理过程，首先是检测边缘信息，然后是基本的形状信息，再逐渐地上升为更复杂的视觉目标信息，依次递进。因此，在学习大数据内部的高度非线性关系和复杂函数表示等方面，深度模型比浅层模型具有更强的表达力。

2. 三个构造深度结构的模块

无监督逐层特征学习方法是深度学习最初提出时的核心思想：深度结构模型的低层输出作为高层的输入，无监督地一次学习一层特征变换，并依次将学习到的网络权参数堆叠成为深度模型的初始化权值。由于权参数被初始化在接近输入数据的流行空间内，降低了模型训练过程中陷入局部最小值的可能，相当于一种正则化约束。无监督的特征学习方法主要适用于训练数据集中有标签数据较少而无标签数据较多的情况，其中主要的三个基本组成模块是受限玻尔兹曼机（RBM)、自编码模型（AE）和稀疏编码（Sparse Coding）。

（1）受限玻尔兹曼机（RBM）。RBM 是一类无向概率图模型，由可视层(输入层 v) 和隐藏层 (输出层 h) 构成，且两层模型内，只有层间有连接，而同层内无连接。如果假设所有的节点都是随机二值变量节点 (只能取 0 或 1)，同时全概率分布 $p(v, h)$ 满足玻尔兹曼分布，称这个模型为 RBM 模型。

(2) 自编码模型（AE）。AE 由编码部分（encoder）和解码部分（decoder）两部分组成。encoder 将输入数据映射到特征空间，decoder 将特征映射回数据空间，完成对输入数据的重建。通过最小化重建错误率的约束，学习从数据到特征空间映射的关系。为了防止简单地将输入复制为重建后的输出，需增加一定的约束条件，从而产生多种 AE 的不同形式。

AE 的变体有多种，这里主要简单提出两种，稀疏自动编码器和降噪自动编码器。稀疏自动编码器是在自编码模型的基础上加上一些约束条件，如限制每次得到的表达码尽量稀疏。因为稀疏的表达往往比其他的表达要有效

(人脑好像也是这样的，某个输入只是刺激某些神经元，其他的大部分的神经元是受到抑制的)。降噪自动编码器是在自动编码器的基础上，训练数据加入噪声，所以自动编码器必须学习去除这种噪声而获得真正的没有被噪声污染过的输入。因此，这就迫使编码器去学习输入信号的更加鲁棒的表达，这也是它的泛化能力比一般编码器强的原因。

(3) 稀疏编码 (Sparse Coding)。Sparse Coding 是一种用于学习输入数据的过完备基并形成字典的技术。输入数据 x 可以通过字典中的少量基向量进行重建或线性表示，其线性组合系数 z 具有稀疏的分布特性。通俗地讲，它将信号表示为一组基的线性组合，要求使用尽可能少的基向量来表达信号。稀疏性指的是表示向量中的许多元素取值为零。为了在特定任务中获得更好的学习性能，需要选择合适的表示形式。在表示特定输入分布时，一些结构是不可行的，因为它们之间不兼容。例如，在语言建模中，可以直接使用词汇表中的索引编码词的特性，而在提取句法、形态和语义特征时，可以使用稀疏分布来表示单词。

稀疏编码算法属于一种无监督学习方法，其目的是寻找一组过完备的基向量，以更高效地表示样本数据。虽然类似于主成分分析技术 (PCA) 可以方便地找到一组完备基向量，但在这里人们寻求的是一组过完备的基向量来表示输入向量 (基向量的数量大于输入向量的维度)。过完备基的优势在于它们能更有效地发现输入数据内部的潜在结构和模式。然而，对于过完备基，系数 z 不再唯一确定输入向量。因此，在稀疏编码算法中，人们引入了额外的评判标准——稀疏性，以解决由于过完备导致的退化问题。

3. 典型的深度学习模型

典型的深度学习模型有卷积神经网络模型、深度信任网络模型和堆栈自编码网络模型等。

(1) 卷积神经网络模型。卷积神经网络是人工神经网络的一种，已成为当前语音分析和图像识别领域的研究热点。它的权值共享网络结构使之更类似于生物神经网络，降低了网络模型的复杂度，减少了权值的数量。该优点在网络的输入是多维图像时表现得更为明显，使图像可以直接作为网络的输入，避免了传统识别算法中复杂的特征提取和数据重建过程。卷积网络是为识别二维形状而特殊设计的一个多层感知器，这种网络结构对平移、比例缩放、倾斜或者其他形式的变形具有高度不变性。

卷积神经网络主要用来识别位移、缩放及其他形式扭曲不变性的二维图形。卷积神经网络的特征检测层通过训练数据进行学习，所以在使用卷积神经网络时，避免了显式的特征抽取，而隐式地从训练数据中进行学习；再者由于同一特征映射面上的神经元权值相同，所以网络可以并行学习，这也是卷积网络相对于神经元彼此相连网络的一大优势。卷积神经网络以其局部权值共享的特殊结构在语音识别和图像处理方面有着独特的优越性，其布局更接近于实际的生物神经网络，权值共享降低了网络的复杂性，特别是多维输入向量的图像可以直接输入网络这一特点避免了特征提取和分类过程中数据重建的复杂度。

（2）深度信任网络模型（DBN）。深度信任网络模型是一种贝叶斯概率生成模型，由多层随机隐变量组成。其中，上面的两层具有无向对称连接，而下面的层接收来自上一层的自顶向下的有向连接。最底层的单元状态表示可见输入数量的向量。DBN 由多个限制玻尔兹曼机层组成，这些网络被限制为一个可视层和一个隐层，层间存在连接，但层内的单元间不存在连接。隐层单元被训练以捕捉可视层展现出的高阶数据相关性。

DBN的灵活性使得其扩展相对容易。一个扩展形式是卷积DBN(CDBN)。DBN 并未考虑到图像的二维结构信息，因为其输入仅是简单地将图像矩阵转化为一维向量。而 CDBN 解决了这个问题，利用了像素领域的空间关系，通过称为卷积 RBM 的模型来实现生成模型的变换不变性，并且能轻松地转换到高维图像。

DBN 未明确处理观察变量之间的时间联系学习，尽管目前已有相关研究，如堆叠时间 RBM。在此基础上，出现了序列学习的时间卷积机，这种序列学习的应用为语音信号处理问题带来了令人兴奋的未来研究方向。

当前与 DBN 相关的研究包括堆叠自动编码器，它是通过将传统的 DBN 中的 RBM 替换为堆叠自动编码器来实现的。这使得可以通过相同规则训练生成深度多层神经网络架构，但其层参数化的要求较少。与 DBN 不同，自动编码器使用判别模型，这导致了难以对输入采样空间进行采样，使网络更难捕捉其内部表示。然而，降噪自动编码器能够有效避免这一问题，并且比传统的 DBN 更具优势。通过在训练过程中引入随机噪声，并堆叠产生通用性能，降噪自动编码器的训练过程与 RBM 训练生成模型的过程类似。

（3）堆栈自编码器网络模型。堆栈自编码器网络（Stacked Autoencoder Net- work）是一种深度学习模型，其结构由多个自编码器层堆叠而成。自编码器是一种无监督学习模型，通常由编码器和解码器两部分组成，目的是学习输入数据的压缩表示。堆栈自编码器网络包含多个这样的自编码器，其中每个自编码器的隐藏层同时作为下一个自编码器的输入层，构成了多层结构。这种层层叠加的结构使得网络能够学习数据的多层次表征，逐步提取更加抽象和高级的特征。

在堆栈自编码器网络中，首先训练第一个自编码器，然后将其隐藏层的输出作为下一个自编码器的输入，并重复这个过程直至构建多层网络。一旦整个网络被预训练完成，可以使用反向传播算法对整个网络进行微调，以提高模型的性能。这种预训练和微调的方法有助于解决深度神经网络训练中的梯度消失和梯度爆炸等问题，提高模型的收敛性和泛化能力。

堆栈自编码器网络被广泛应用于特征学习、降维、数据重构和生成等领域。它们能够学习到数据的分布特征，并提取出对数据表征具有很好表达能力的高级特征，适用于图像、文本、音频等多种类型数据的处理和分析。由于其强大的表征学习能力，堆栈自编码器网络在深度学习领域中备受关注，并在各种机器学习任务中表现出良好的性能。

第二节 大数据的采集处理

一、大数据采集概述

在大数据时代，数据的价值在各行业应用和推广过程中已经毋庸置疑，如何能够有效获取数据，即数据采集，是进行数据分析和挖掘的重要前提。数据采集（DAQ）也称为数据获取或数据收集，是指从电子设备、传感器以及其他待测设备等模拟或数字单元中自动采集电量或非电量信号，送到上位机（多指大型计算机系统）中进行分析、处理的过程。

大数据环境下，数据结构复杂，来源渠道众多，包括传统数据表格及图形、后台日志记录、网页 HTML 格式等各种离线、在线数据，因此需要区分数据的不同类型，分析数据来源的特征，进而选择使用合理有效的数据采集方法，这部分对后续的数据分析至关重要，直接影响在给定时间段内系统处理数据量的性能高低。

在知识冗余和数据爆炸的网络全覆盖时代，数据可以来自互联网上发布的各种信息，如搜索引擎信息、网络日志、患者医疗记录、电子商务信息等，信息还可以来自各种传感器设备及系统，如工业设备系统、水电表传感器、农林业监测系统等，因此需要采集的数据类型呈现出复杂多样的特征。根据数据结构的不同，数据可以分为结构化数据、非结构化数据和半结构化数据。

结构化数据，多存在于传统的关系型数据库中，是人们习惯使用的数据形式，数据结构事先已经定义好，非常方便用二维表格形式描述，便于存储和管理。统计学上将结构化数据分为四种类型，即分类型数据、排序型数据、区间型数据和比值型数据。其中，分类型数据又称标称数据，是将数据按照类别属性进行分类；排序型数据不仅将数据进行分类，还对各类别数据进行顺序排列以对比优劣；区间型数据是具有一定单位的实际测量值，区间型数据可以通过明确的加减等运算来准确比较出不同数据取值的差异；比值型数据同样具有实际单位，与区间型数据的区别在于，比值型数据原点固定。分类型数据和排序型数据可以称为定性数据，区间型数据和比值型数据可以称为定量数据。

非结构化数据，不同于传统的结构化数据，其数据结构很难被描述，不规则或者不完整，没有统一的数据结构或模型，无法提前预知，如海量的图片、社交网站上分享的视频、音频等多媒体数据都属于这一类，不能直接用二维逻辑表格形式进行存储。非结构化数据在结构上存在高度的差异性，传统的关系型数据库系统无法完成对这些数据的存储和处理，不能直接运用 SQL 语言进行查询，难以被计算机理解。非结构化数据多出现在企业数据中，如果需要存储在关系型数据库中，常以二进制大型对象（BLOB）形式进行存储。NoSQL 数据库作为一个非关系型数据库，能够用来同时存储结构化和非结构化数据。随着非结构化数据在大数据中所占的比例不断上升，如何将这些数据组织成合理有效的结构是提升后续数据存储、分析的关键。

半结构化数据，介于结构化数据与非结构化数据之间，可以用一定数据结构来描述，但通常数据内容与结构混叠在一起，结构变化很大，本质上不具有关系性，如网页、不同人群的个人履历、电子邮件、Web 集群、数据挖掘系统等。不能简单地用二维表格来实现结构描述，必须由自身语义定义的首位标识符来表达和约束其关键内容，对记录和字段进行分层，通常需要特殊的预处理和存储技术。半结构化数据通常是自描述的结构，多以树或图的数据模型进行存储，常见的半结构数据有 XML、HTML、JSON 等，多来自电子转换数据（EDI）文件、扩展表、RSS 源以及传感器数据等方面。

结构化数据、非结构化数据和半结构化数据的区别，见表 6-1。①

表 6-1　结构化数据、非结构化数据和半结构化数据的区别

类别	结构化数据	非结构化数据	半结构化数据
基本定义	可以用固定的数据结构来描述的数据	结构很难被描述的数据	介于结构化数据与非结构化数据之间的数据
数据与结构的关系	先有结构，后有数据	有数据，无结构	先有数据，后有结构
数据模型	二维表格（关系型数据库）	无	树形，图状
常见来源	各类规范的数据表格	图片、视频、音频等	HTML 文档、个人履历、电子邮件等

二、大数据采集方法

（一）日志数据采集

在大数据时代，互联网企业日常运营过程中会产生大量业务信息，对这些数据的采集需要满足大规模、海量存储、高速传输等需求，通常大型互联网公司会借助已有开源框架构建自己的海量数据采集工具。目前常见的海量数据采集工具多用于各种类型日志的收集，包括分布式系统日志、操作系统日志、网络日志、硬件设备日志以及上层应用日志等。通过查看日志系统中记录的各项事务、事件、硬件、软件和系统问题信息，可以及时探查系统故障发生的原因，搜索攻击者留下的痕迹，以及随时监测系统中可能发生的攻击事件，从而有效支撑了互联网公司的正常运营。

① 王志．大数据技术基础 [M]. 武汉：华中科技大学出版社，2021：14.

（二）网络数据采集

网络数据目前多指互联网数据，大量用户通过各种类型的网络空间交互活动而产生的海量网络数据，如通过 Web 网络进行信息发布和搜索，微博、微信、QQ 等社交媒体交互活动中产生的大量信息，包括各类文档、音频、视频、图片等类型，这些数据格式复杂，一般多为非结构化数据或半结构化数据。

网络数据的采集方法，是指通过网络爬虫或某些网络平台提供的公开 API 等方式，从网站上获取相关网络页面内容的过程，根据用户需求将某些数据属性从网页中抽取出来。对抽取出来的网页数据进行内容和格式上的处理，经过转换和加工，最终满足用户数据挖掘的需求，按照统一的格式作为本地文件存储，一般保存为结构化数据。

（三）传感器采集系统

传感器数据主要来自各行各业根据特定应用构建的物联网系统。由于大量传感器设备的广泛部署，这些设备会周期性产生并不断更新海量的数据。这些数据多与对应行业的具体应用相关。例如，在农业物联网系统中，传感器数据与农业种植、园艺培育、水产养殖、农资物流等农业信息有关。而在气象监测控制系统中，数据则与大气、土壤温湿度、风力、光照、雨量等相关。

在实际应用中，传感器设备和通信传输系统存在多样性，涉及厂商众多、网络异构等情况。因此，这些感知数据的类型差异很大。例如，有些数据是实际产生的温度数值，而有些数据是感知的电平取值。在使用中，需要进行公式转换，同时存在模拟信号和数字信号的差异。此外，数据的组织形式也是多种多样，存在文本、表格、网页等多种不同组织形式，量纲也差异很大。

因此，在对物联网信息进行采集时，除了需要考虑大量分布的数据源选取外，还需要对感知的原始数据进行统一的数据转换，过滤异常数据，并根据采集目标的存储要求进行规则映射，以满足传感器数据的采集需求。

(四) 其他采集方法

除了实时的系统日志采集方法、互联网数据采集方法和物联网数据采集方法以外，许多企业也使用传统的关系型数据库，如 MySQL 和 Oracle 等，来存储数据。企业实时产生的业务数据以单行或多行记录的形式直接写入数据库，这些数据存储在企业业务后台服务器中。随后，特定的处理分析系统对数据进行后续的分析，以支持其他企业应用。

另外，在涉及客户数据、财务数据等保密级别要求较高的企业生产经营过程中，通常会与专门的数据技术服务商合作，以确保数据的完整性和私密性。这些合作通常通过特定系统接口等方式来完成对这类数据的采集工作。

三、大数据预处理

大数据的来源广泛且复杂。当海量数据从各种底层数据源经由不同的采集平台获取后，这些原始数据通常不能直接用于数据分析。这是因为原始数据往往缺乏统一标准的定义，存在数据结构的差异性，可能包含不准确的属性取值，甚至可能出现某些数据属性值丢失或不确定的情况。必须经过预处理过程，才能提高数据质量，使其能够满足数据挖掘算法的要求，有效应用于后续的数据分析过程。

大数据预处理（BDP）指的是在对采集到的海量数据进行数据挖掘处理之前，对原始数据进行必要的数据清洗、数据集成、数据变换和数据归约等多项处理工作。这样可以改进原始数据的质量，以满足后续数据挖掘算法用于知识获取的目的。同时，研究还应该具备相应的最低规范和标准。在实际应用中，有时还需要根据数据挖掘的结果再次对数据进行预处理。这些预处理方法之间相互关联，而非相互独立存在。例如，消除数据冗余既属于数据集成的方法，又可视为一种数据规约方法。

(一) 数据清洗

为了提高原始数据的质量，数据清洗必不可少。数据质量又称信息质量，通过大数据的预处理过程希望得到高质量的数据，从而能够进行快速而准确的数据分析。

数据清洗，是指对采集得到的多来源、多结构、多维度的原始数据，分析其中“脏”数据产生的原因和存在的形式，构建数据清洗的模型和算法，利用相关技术检测和消除错误数据、不一致数据和重复记录等，把原始数据转化成满足数据分析或应用要求的格式，从而提高进入数据库的数据质量。

数据清洗的基本思想，是基于对数据来源的分析，得到合理有效的数据清洗规则和策略，找出“脏”数据存在的问题并对症处理，而数据清洗的质量高低是由数据清洗规则和策略决定的。

(二) 数据集成

数据集成是将不同独立系统中的各种数据源按照一定规则组织成一个整体的过程，以维护整体数据的一致性，并使用户能够透明地访问这些数据源。实际运行在不同软硬件平台上的信息系统通常相互独立且异构。若没有有效的数据集成方案，很难实现数据的交流、共享和融合。随着大数据技术的不断发展，对大数据集成的需求变得迫切。

大数据集成技术建立在传统的数据集成基础之上，面对不同数据源分布在不同应用系统中的现状。考虑到数据源的众多和分散性以及应用系统的互不关联，大数据集成任务将在保持各自应用系统的数据源不变的前提下，分配到各个数据源中实现并行处理。在处理完成后，将结果整合并返回。狭义上，大数据集成是指合并规范化数据的方案；而从广义看，大数据集成涵盖了与数据管理相关的数据存储、数据移动和数据处理等活动，并且仅对处理结果进行集成，而不是预先对各数据源的数据进行合并。这种方式可以避免大量浪费处理时间和存储空间。

数据集成系统根据不同需求，在不同数据源和集成目标之间完成数据的转换和整合。它提供统一的数据源访问接口，以执行用户对数据源的访问请求，从而使用户能够以透明的方式访问这些数据源。

(三) 数据变换

通过数据清洗，原始数据中包含的无效值、缺失值、噪声数据、异常数据等被逐一清理，在数据集成过程中，解决了不同来源数据不一致的问题，而下一步的数据变换，是将待处理的数据变换或统一成适合分析挖掘的形式。

数据变换的方法包括数据平滑、数据聚集、数据泛化、数据规范化等，通过线性或非线性的数学变换方法将维数较高的数据压缩成维数较少的数据，从而减少来自不同数据源的原始数据之间在时间、空间、属性或取值精度等特征方面的差异，进而获得高质量的数据，便于后续的数据分析。

1. 数据平滑

源数据获取过程中不可避免地会存在噪声，通过数据平滑可以去除数据中存在的噪声和无关信息，也可以处理缺失数据和清洗脏数据，提高数据的信噪比。数据平滑具体包括分箱、回归和聚类等方法，这些方法也常应用于数据清洗。

2. 数据聚集

数据聚集是对数据进行汇总和聚集操作，通过按维度、指标和计算元素的不同方式进行汇总，完成记录行的压缩、表的联合、属性的合并等预处理过程。这一操作旨在为多维数据构建直观的立体图表或数据立方。

数据立方是对二维图表的多维扩展，尽管使用“立方”一词来描述，但与几何学中的三维立方体并不相同。数据立方的三维结构可以看作一组类似、互相叠加合并的二维图表，其维度不仅限于三个，可以涵盖更多维度。虽然在几何学或空间显示中难以呈现多维实体，但在使用中，可以逐次观察三个维度，将其作为数据立方的索引。

聚集变换过程通过采用合适的抽象分层，对多个属性进行合并或删除，进一步减小结果数据的规模，获得与分析任务相关的最小数据立方。然而，这种操作可能导致某些细节数据的丢失。因此，在进行压缩、合并或关联时，需要根据具体的分析任务来决策。

3. 数据泛化

数据泛化指的是概念分层，即用更高层次的概念来替代低层次或原始的数据。进行数据泛化的主要原因是在数据分析过程中可能不需要太具体的概念，通过用少量区间或标签替代原始数据，能够降低数据挖掘的复杂度。

尽管这种方法可能导致某些数据细节的丢失，但泛化后的数据更为简化，更具有实际意义，使得挖掘的结果模式更易于理解。

高层次的概念通常包含一系列较低层次的概念，其属性取值相对较少。

对于同一个属性，可以定义多个概念分层，以满足不同用户的需求。

数据泛化的核心在于分层，概念分层通常隐含在数据库的模式中。常见的概念分层方法包括以下四种。

（1）在模式定义级别，由用户或专家说明属性的部分序或全序，即自顶向下或自底向上的分层方向。

（2）人工补充分层结构的说明。完成模式级别的分层结构说明后，可以根据分析需求手动添加中间层。

（3）说明属性分层结构但不指定属性的序。用户定义分层结构，由系统自动生成属性的序，构建具有实际意义的概念分层。通常情况下，高层的属性取值较少，低层的属性取值较多。按属性取值个数生成属性序是一种常见的排序方法。在某些属性分类中，当低层属性的取值小于高层属性的取值时，此种排序方法并不适用，需要根据具体应用情况确定。

（4）对于不完全的分层结构，采用预定义的语义关系来触发完整的分层结构。当用户定义概念分层时，由于某些人为因素或特殊原因，分层结构可能只包含了相关属性的部分内容。可以设置预先定义的语义关系等相关属性进行绑定，通过完整性检测，其余属性也会被自动触发，形成完整的分层结构。

在进行概念抽象的分层过程中，数据泛化需要注意避免过度泛化，以免所得的高层概念变成无用信息。

4. 数据规范化

数据属性使用不同的度量单位可能对数据分析产生影响，如距离的度量单位从千米变成米，时间的度量单位从小时变成天。属性单位较小可能导致数值处于较大的范围，使得某些属性具有较大的影响或权重，从而可能引起数据处理和分析结果的差异。

数据规范化旨在按比例将所有属性数据缩放到一个较小的特定范围内，以达到赋予所有属性相同权重的目的。规范化过程能够将原始的度量值转换为无量纲的值，从而消除数据因大小差异而引起的挖掘结果偏差。规范化方法尤其适用于分类算法，如神经网络的分类算法或基于距离度量的分类和聚类算法。

主要的规范化方法包括以下三种。

（1）最小—最大规范化。将属性数据线性地映射到一个特定的区间范围

(通常是 0 , 1)，公式为：

$$x' = \frac{x - \min(x)}{\max(x) - \min(x)} \tag{6-1}$$

(2) z-score 规范化。将属性数据按均值和标准差进行标准化，使得数据分布呈现标准正态分布（均值为 0，标准差为 1）。公式为：

$$x' = \frac{x - \mu}{\sigma} \tag{6-2}$$

式中：μ——均值；σ——标准差。

(3) 小数定标规范化。通过移动属性值的小数点位置进行规范化，将数据映射到一个特定的区间范围内。公式为：

$$x' = \frac{x}{10^k} \tag{6-3}$$

式中：k——使得最大属性值小于等于 1 的最小整数。

5. 属性构造

属性构造，也称为特征构造或特征提取，是在已有属性的基础上创造和添加一些新的属性，将其写入原始数据。其目的在于帮助发现可能存在的属性之间的关联性，从而提高精度和对高维数据的理解，进而在数据挖掘中获得更有效的挖掘结果。此外，构造合适的属性有助于减少分类算法在学习构造决策树时出现的碎片化问题。

(四) 数据归约

数据归约是基于挖掘需求和数据的自有特性，在原始数据基础上选择和建立用户感兴趣的数据集合，通过删除数据部分属性、替换部分数据表示形式等操作完成对数据集合中出现偏差、重复、异常等数据的过滤工作，尽可能地保持原始数据的完整性，并最大限度精简数据量，在得到相同（或者类似相同）的分析结果前提下节省数据挖掘时间。

常见的数据归约方法包括维归约、数据压缩、数值归约和数据离散化与概念分层等。

1. 维归约

数据集合中通常包含数百到数千个属性，其中许多属性与挖掘任务无关或者是冗余的。举例来说，在分析学生困难补助信用度时，诸如学生班级、入学时间等属性与挖掘任务无关，因此可以被删除。然而，由领域专家协助筛选有用属性将是一项困难且耗时的工作。当数据的内涵模糊不清时，漏掉相关属性或者保留无关属性都会降低挖掘进程的效率，从而导致所选用的挖掘算法无法正确运行，严重影响最终挖掘结果的正确性和有效性。

维归约旨在通过删除多余和无关的属性（或维）来实现数据集中数据量的压缩。使用优化后的属性集进行挖掘能够减少在发现模式时所涉及的属性数量，使得模式更易于理解。

维归约通常使用属性子集选择方法，其目标是找出最小的属性子集，使得新数据子集的概率分布与原始属性集尽可能保持一致。对于包含 n 个属性的集合，共有 $2n$ 个不同的子集，因此发现最佳属性子集的过程是一个最优穷举搜索过程。然而，随着属性数量和数据规模的增加，搜索的可能性将变得非常小。因此，一般使用启发式算法来帮助有效压缩搜索空间，这类方法的策略是在搜索属性空间时做局部最优选择，期望以此获得全局最优解，进而确定相应的属性子集。

判断“最优”或“最差”的属性通常使用统计显著性检验来确定，前提条件是假设各属性之间是相互独立的。除此之外，还有许多其他属性评估度量的方法，如信息增益度量，可用于构造分类决策树。

属性子集选择方法使用的压缩搜索空间的基本启发式算法包括逐步向前选择、逐步向后删除、向前选择和向后删除结合、决策树归纳等方法。

2. 数据压缩

利用数据编码和数据变换方法，原始数据可以经过压缩得到归约表示，通常可采用无损压缩和有损压缩。无损压缩指的是在不损失任何信息的前提下，还原出原始数据；而有损压缩是对原始数据的近似表示，可能会损失一小部分信息。常见的离散小波变换（DWT）和主成分分析（PCA）属于有损压缩方法。

（1）离散小波变换。离散小波变换是由离散傅立叶变换（DFT）发展而来，两者同属于线性信号处理技术，能够将数据映射到新的空间。DWT 能够去除数据中的噪声，在保留数据主要属性（特征）的情况下应用于数据清洗。在数据归约时，可以将每个元组视为一个 n 维数据向量，例如：$H=$（h_1,

h_2，…，h_n)，描述 n 个数据属性在元组上的 n 个测量值。通过小波变换，将 n 维数据向量 H 转换成不同取值的小波系数向量 H'，两个向量具有相同长度。

可以对小波变换后的数据向量进行截短，如保留所有大于用户指定阈值（相关性最强）的小波系数，将其他小波系数设置为 0，从而得到近似的压缩数据（稀疏的小波系数向量 H'）。在小波空间可以对稀疏向量 H' 实现较快速的运算操作。最后，对处理过的向量 H' 进行离散小波逆变换，恢复出原始数据的近似集合。

（2）主成分分析（PCA）。PCA 的基本思想是通过正交线性变换将多个相关变量转化为一组新的变量，这些新变量被称为“主成分”，它们是原始变量的线性组合，并且彼此之间互不相关。从几何角度看，PCA 相当于对原始变量组成的坐标系进行旋转，得到一个新的坐标系，主成分就是新坐标系的坐标轴。PCA 算法的基本过程如下：

第一，对输入数据进行规范化，确保每个属性的数据取值都落入相同的数值区间，消除量纲不一致对算法的影响，避免具有较大数值区间的属性权重过高，支配较小取值区间的属性。

第二，对已规范化的数据计算协方差矩阵，求出其特征值及相应的正交化单位特征向量。这些正交向量就是主成分，即 n 维正交向量的集合。

第三，对主成分按“重要性”递减排列，即对坐标轴排序。选择前几个主成分以达到给定的用户阈值，舍弃较弱的主成分（方差较小的主成分），完成数据规模的约简。

主成分分析所得到的主成分与原始数据之间具有这些关系：①主成分保留了原始数据大部分有用的信息；②主成分数量远远小于原始数据规模；③主成分之间互不相关；④每个主成分都是原始属性的线性组合。

PCA 通常适用于具有较大相关性的属性之间，其计算开销较低，可以揭示先前未察觉到的联系，同时可用于多元回归和聚类分析的输入。

3. 数值归约

数值归约，主要是指采用替代的、较小的数据表示形式来减少数据量。

（1）回归和对数线性模型，即利用模型来评估数据，存储模型参数而不是实际数据，可用于稀疏数据和异常数据的处理，属于有参数方法。回归和对数线性模型均可用于处理稀疏数据及异常数据，其中回归模型处理异常数据更具优势。对于高维数据，回归计算复杂度大，而对数线性模型具有较好的伸缩性，可扩展至 10 个属性维度。

（2）直方图。直方图使用分箱（Bin）方法估算数据分布，用直方图形式替换原始数据。属性的直方图是根据其数据分布划分为多个不相交的子集（箱），每个子集表示属性的一个连续取值区间，沿水平轴显示，其高度（或面积）与该子集中的数据分布（数值平均出现概率）成正比。

（3）抽样。抽样是使用数据的较小随机样本（子集）替换大的数据集，如何选择具有代表性的数据子集至关重要。抽样技术的运行复杂度小于原始样本规模，获取随机样本的时间仅与样本规模成正比。

（4）聚类。将数据元组划分成组或类，同一组或类中的元组比较相似，不同组或类中的元组彼此不相似，用数据的聚类替换原始数据。聚类技术的使用受限于实际数据的内在分布规律，对于被污染（带有噪声）的数据，这种技术比较有效。相似性是聚类分析的基础，可以用距离来衡量数据之间的相似程度，距离越小，数据间的相似性就越大。

4. 数据离散化与概念分层

数据离散化技术可以将属性范围划分成多个区间，用少量区间标记替换区间内的属性数据，从而减少属性值的数量，该技术在基于决策树的分类挖掘方法中非常适用。

概念分层在数据变换中曾经提到，在数据归约中，可以通过对数值属性数据分布的统计分析自动构造概念分层，完成高层概念替换低层概念过程，实现该属性的离散化和数据的归约。常见的分箱、直方图分析、聚类分析、基于熵的离散化和通过“自然划分”的数据分段均属于数值属性的概念分层生成方法。

分类属性数据本身即离散数据，包含有限个（数量较多）不同取值，各个数值之间无序且互不相关，如用户电话号码、工作单位等。概念分层方法可以通过属性的部分序由用户或专家应用模式级显示说明、数据聚合描述层次树、定义一组不说明顺序属性集等方法构造。

第三节　大数据分析平台及架构

一、新型大数据分析平台

大数据项目带有一些应考虑的因素，用以确保分析方法适合处理所面对的问题。由于大数据的特性，这些方法适合用于决策支持，特别是具有高处理复杂度和高价值的战略性决策。由于数据的高容量和复杂性，用于这方面的分析技术需要能够灵活地迭代使用（分析灵活性）。这些条件产生了复杂的分析项目，例如，预测客户流失率，执行起来会有一定的延迟（考虑需要的决策速度）；或者使用先进分析方法、大数据和机器学习算法的组合来实施这些分析技术，用来提供实时（需要高吞吐率）或准实时的分析，如基于近期网站访问记录和购买行为的推荐引擎。为了成功实施大数据项目，还需要把与当今传统企业数据仓库不同的方法作为数据架构。分析人员需要与 IT 和数据库管理员进行合作，获取他们在分析沙盒中需要的数据，这包括原始未处理的数据、聚合数据，以及具有多种类型结构的数据。沙盒需要精通深度分析的人员来使用，以便采用强大的方式来探索数据。

大数据需要一种可让业务和技术都获得竞争优势的新型分析平台，这要满足新技术基础架构：(1) 可大规模扩展到 PB 级数据；(2) 支持低延迟数据访问和决策；(3) 具有集成分析环境，以加速高级分析建模和操作化流程。借助于对海量数据集的新尺度处理能力，不仅能不断识别深藏在大数据中的可操作价值，还能实现这些操作价值与用户网络环境的无缝集成（无位置限制）。这种新的分析平台能在企业各个级别对大数据和改进业务决策提供前瞻式预测分析，让企业从回顾性报告的旧方式中解脱出来。

（一）敏捷计算平台

敏捷性通过高度灵活且可重新配置的数据仓库和分析架构实现。分析资源可快速进行重新配置和部署，以满足不断变化的业务需求，从而实现新级别的分析灵活性和敏捷性。

1. 实现“敏捷”数据仓储

(1) 按需聚合——可提供更快的查询和报告响应时间，不必事先构建聚合。具有实时创建聚合的能力，避免了每次数据“细流”汇入数据仓库时不断地重新构建聚合的需要。

（2）索引独立性——数据库管理员可消除刚性索引构建的需要。不必事先得知用户要问的问题，以便构建所有支持索引。用户可以自由询问更具体的业务问题，而不必担心性能问题。

（3）即时创建关键绩效指标（KPI）——业务用户可自由定义、创建和测试新派生的（且复合的）KPI，而不必请数据库管理员事先计算它们。

（4）灵活、临时的层次结构——构建数据仓库时不必预定义维度层次结构，如在市场情报分析期间，企业可灵活更改作为分析基准的公司。

2. 集成式数据仓库和分析

（1）在数据仓库和分析环境之间细分和流化大规模数据集用以支持创建“分析沙盒”，供分析探索和发现使用。

（2）在最低粒度级别查询大规模数据集，以标记“异常”行为、趋势和活动，从而根据相关建议创建可操作价值。

（3）加快不同业务场景的开发和测试，以简化假设分析、敏感性分析和风险分析。

集成式数据仓库和分析的这些优势可应用到日常任务中，从而创造宝贵的价值。

（二）线性扩展能力

对大规模计算能力的实现意味着能以完全不同的方式解决业务问题，大规模计算扩展能力主要应用于以下方面。

1. 将 ETL 转变为数据浓缩过程

（1）活动定序和排序——识别在特定事件之前发生的一系列活动。例如，识别某人通常首先会在网站上搜索需要进行技术支持的问题，然后致电呼叫中心两次，随后便成功解决了问题。

（2）频率计数——计算在特定时间段内发生某种事件的频率。例如，发现产品在首次使用 90 天内收到多少次服务呼叫。

（3）N-tiles——根据特定指标或一组指标将项目（如产品、事件、客户和合作伙伴）分组到“桶”中。例如，根据三个月滚动期内的收入或利润跟踪最有经济实力的（前 10%）客户。

（4）行为“篮子”——创建一组先于销售或“转换”事件的活动（包括频率和排序），以识别最有效、获利能力最强的市场治理组合。

2. 支持极端变化的查询和分析工作负载

（1）性能和可扩展性——“钻探”数据以询问支持决策制定所需的二级和三级问题的敏捷性。如果业务用户想要深入所有这些细节数据以找出推动业务发展的变量，他们不必担心会因分析大量数据而使系统瘫痪。

（2）敏捷性——支持快速开发、测试和优化有助于预测业务绩效的分析模型。数据分析时可自由发掘可能推动业务绩效的各种变量，从结果中总结经验，并将这些发现融入模型的下一次迭代。不会再遇到分析很快失败的情况，也不用担心分析带来的系统性能问题。

3. 分析海量粒度数据集（大数据）

（1）向第 N 度执行多维分析的能力。企业不再局限于从三维或四维考虑，而可以着眼于数百维甚至数千维，以调整和定位业务绩效。借助这种程度的多维分析，企业可以按具体地理位置（如城市或邮编）、产品、生产商、促销、价格、一天的特定时间或一周的具体一天等找出业务推动因素。借助这种级别的粒度，可以大幅度提高本地业务绩效。

（2）从海量数据中找出足够多的“小”钻石，为企业带来实质性的效益。

4. 实现低延迟数据访问和决策制定

（1）挖掘连续数据馈入（细流馈入）以提供低延迟运营报告和分析。业务事件（如证券交易）和买入卖出决策之间的时间显著缩短。从华尔街算法交易的回升，可以明显看出这种低延迟决策的影响。在电子金融市场，算法交易是指使用计算机程序来输入交易订单，由计算机算法决定时间、价格或订单数量等订单参数，或在很多情况下无须人工干预即下订单。

（2）低延迟数据访问使得“及时”的动态决策成为可能。例如，在营销活动期间，营销活动经理可在绩效最佳或转换最佳的网站及关键字组合之间重新分配在线活动预算。

（三）全方位、遍布式、协作性用户体验

业务用户对数据、图表和报告选项的需求已然饱和，业务用户需要的

是一种能利用分析为其业务找出并提供可操作的实质性价值的解决方案。

1. 实现直观和全方位的用户体验

(1) 用户体验可以利用分析工具更多地在幕后进行繁重的数据分析，界面不必呈现日益复杂的报告、图表，相反，可以更加直观地为用户提供了解业务所需的洞察。

(2) 根据源于数据的洞察，用户体验可以根据具体的建议操作，而识别相关内容和可操作建议的复杂工作交给分析工具完成。

2. 利用协作本性

协作是分析和决策流程的一个自然部分，类似于用户快速聚集成小团体，就特定主题领域分享经验。例如，如果某家大型包装消费品公司的所有品牌经理能创建这样一个社区，在里面可以轻松分享和探讨数据、信息和品牌管理洞察，这将形成一股巨大力量。通过共享结果数据和分析，对其中一个品牌有效的营销活动可被其他品牌快速复制和扩展。

3. 支持新的业务应用程序

(1) 根据业务优先级按需调配和再分配大量计算资源的敏捷性。

(2) 分析更细粒度、多样化、低延迟的数据集，同时保持数据细微差别和关系的能力，这一能力带来了有区分的洞察，帮助实现优化的业绩绩效。

(3) 就关键业务计划跨组织协作，以及快速宣传最佳实践和有组织的发现。

(4) 成本优势，利用廉价的处理组件分析大数据以抓住和挖掘商机，而之前就算能做到也不足采用具有成本效益的方式。

理想的分析平台带来了可大规模扩展的处理能力、挖掘细粒度数据集的能力、低延迟数据访问，以及数据仓库与分析之间的紧密集成。如果正确认识和部署，这种平台可用于解决之前无从着手的棘手业务问题，并为业务带来可操作的实质性洞察。

二、大数据平台架构分析

随着数据的爆炸式增长和大数据技术的快速发展，很多国内外知名的互联网企业早已开始布局大数据领域，构建了自己的大数据平台架构。大数据平台架构应具有数据来源层、数据采集层、数据存储层、数据处理层、数据分析层以及数据可视化的六个层次。

(一) 数据来源层分析

在大数据时代，谁掌握了数据，谁就有可能掌握未来，数据的重要性不言而喻。众多互联网企业把数据看作财富，有了足够的数据，才能分析用户的行为，了解用户的喜好，更好地为用户服务，从而促进企业自身的发展。

数据来源一般为生产系统产生的数据，以及系统运维产生的用户行为数据、日志式的活动数据、事件信息等，如电商系统的订单记录、网站的访问日志、移动用户手机上网记录、物联网行为轨迹监控记录。

(二) 数据采集层分析

数据采集是大数据价值挖掘最重要的一环，其后的数据处理和分析都建立在采集的基础上。大数据的数据来源复杂多样，而且数据格式多样、数据量大。因此，大数据的采集需要实现利用多个数据库接收来自客户端的数据，并且应该将这些来自前端的数据导入一个集中的大型分布式数据库或分布式存储集群，同时可以在导入的基础上做一些简单的清洗工作。

数据采集用到的工具有 Kafka、Sqoop、Flume、Avro 等。其中 Kafka 是一个分布式发布订阅消息系统，主要用于处理活跃的流式数据，作用类似缓存，即活跃的数据和离线处理系统之间的缓存。Sqoop 主要用于在 Hadoop 与传统的数据库间进行数据的传递，可以将一个关系型数据库中的数据导入 Hadoop 的存储系统中，也可以将 HDFS 的数据导入关系型数据库。 Flume 是一个高可用、高可靠、分布式的海量日志采集、聚合和传输的系统，它支持在日志系统中定制各类数据发送方，用于收集数据。Avro 是一种远程过程调用和数据序列化框架，使用 JSON 来定义数据类型和通信协议，使用压缩二进制格式来序列化数据，为持久化数据提供一种序列化格式。

(三) 数据存储层分析

在大数据时代，数据类型复杂多样，其中主要以半结构化和非结构化为主，传统的关系型数据库无法满足这种存储需求。针对大数据结构复杂多样的特点，可以根据每种数据的存储特点选择最合适的解决方案。对非结构化数据采用分布式文件系统进行存储，对结构松散无模式的半结构化数据采用列存储、键值存储或文档存储等 NoSQL 存储，对海量的结构化数据采用分布式关系型数据库存储。

文件存储有 HDFS 和 GFS 等。HDFS 是一个分布式文件系统，是 Hadoop 体系中数据存储管理的基础，GFS 是 Google 研发的一个适用于大规模数据存储的可拓展分布式文件系统。

NoSQL 存储有列存储 HBase、文档存储 MongoDB、图存储 Neo4j、键值存储 Redis 等。HBase 是一个高可靠、高性能、面向列、可伸缩的动态模式数据库。MongoDB 是一个可扩展、高性能、模式自由的文档性数据库。Neo4j 是一个高性能的图形数据库，它使用图相关的概念来描述数据模型，把数据保存为图中的节点以及节点之间的关系。Redis 是一个支持网络、基于内存、可选持久性的键值存储数据库。

关系型存储有 Oracle、MySQL 等传统数据库。Oracle 是甲骨文公司推出的一款关系数据库管理系统，拥有可移植性好、使用方便、功能强等优点。MySQL 是一种关系数据库管理系统，具有速度快、灵活性高等优点。

（四）数据处理层分析

计算模式的出现有力地推动了大数据技术和应用的发展，然而，现实世界中的大数据处理问题的模式复杂多样，难以有一种单一的计算模式能涵盖所有不同的大数据处理需求。因此，针对不同的场景需求和大数据处理的多样性，产生了适合大数据批处理的并行计算框架 Map Reduce，交互式计算框架 Tez，迭代式计算框架 GraphX、Hama，实时计算框架 Druid，流式计算框架 Storm、Spark Streaming 等以及为这些框架可实施的编程环境和不同种类计算的运行环境（大数据作业调度管理器 Zoo Keeper、集群资源管理器 YARN 和 Mesos）。

Spark 是一个基于内存计算的开源集群计算系统，它的用处在于让数据处理更加快速。Map Reduce 是一个分布式并行计算软件框架，用于大规模数据集的并行运算。Tez 是一个基于 YARN 之上的 DAG 计算框架，它可以将多个有依赖的作业转换为一个作业，从而大幅提升 DAG 作业的性能。GraphX 是一个同时采用图并行计算和数据并行计算的计算框架，它在 Spark 之上提供一站式数据解决方案，可方便高效地完成一整套流水作业。 Hama 是一个基于 BSP 模型（整体同步并行计算模型）的分布式计算引擎。 Druid 是一个用于大数据查询和分析的实时大数据分析引擎，主要用于快速处理大规模的数据，并能够实现实时查询和分析。Storm 是一个分布式、高容错的开源流式计算系统，它简化了面向庞大规模数据流的处理机制。Spark Streaming 是建立在 Spark 上的应用框架，可以实现高吞吐量、具备容错机制的实时流数据的处理。YARN 是一个 Hadoop 资源管理器，可为上层应用提供统一的资源管理和调度。Mesos 是一个开源的集群管理器，负责集群资源的分配，可对多集群中的资源做弹性管理。Zoo Keeper 是一个以简化的 Paxos 协议作为理论基础实现的分布式协调服务系统，它为分布式应用提供高效且可靠的分布式协调一致性服务。

（五）数据分析层分析

数据分析是指通过分析手段、方法和技巧对准备好的数据进行探索、分析，从中发现因果关系、内部联系和业务规律，从而提供决策参考。在大数据时代，人们迫切希望在由普通机器组成的大规模集群上实现高性能的数据分析系统，为实际业务提供服务和指导，进而实现数据的最终变现。

常用的数据分析工具有 Hive、Pig、Impala、Kylin，类库有 MLlib 和 SparkR 等。Hive 是一个数据仓库基础构架，主要用来进行数据的提取、转化和加载。Pig 是一个大规模数据分析工具，它能把数据分析请求转换为一系列经过优化处理的 Map Reduce 运算。 Impala 是 Cloudera 公司主导开发的 MPP 系统，允许用户使用标准 SQL 处理存储在 Hadoop 中的数据。Kylin 是一个开源的分布式分析引擎，提供 SQL 查询接口及多维分析能力以支持超大规模数据的分析处理。MLlib 是 Spark 计算框架中常用机器学习算法的实现库。 SparkR 是一个 R 语言包，它提供了轻量级的方式，使得我们可以在 R 语言中使用 Apache Spark。

（六）数据可视化分析

数据可视化技术可以提供清晰直观的数据表现形式，将数据和数据之间错综复杂的关系，通过图片、映射关系或表格，以简单、友好、易用的图形化、智能化的形式呈现给用户，供其分析使用。可视化是人们理解复杂现象、诠释复杂数据的重要手段和途径，可通过数据访问接口或商业智能门户实现，以直观的方式表达出来。可视化与可视化分析通过交互可视界面来进行分析、推理和决策，可从海量、动态、不确定，甚至相互冲突的数据中整合信息，获取对复杂情境的更深层的理解，供人们检验已有预测，探索未知信息，同时提供快速、可检验、易理解的评估和更有效的交流手段。

大数据应用目前朝着两个方向发展：一是以营利为目的的商业大数据应用；二是不以营利为目的，侧重于为社会公众提供服务的大数据应用。商业大数据应用主要以 Facebook、Google、淘宝、百度等公司为代表，这些公司以自身拥有的海量用户信息、行为、位置等数据为基础，提供个性化广告推荐、精准化营销、经营分析报告等；公共服务的大数据应用如搜索引擎公司提供的诸如流感趋势预测、春运客流分析、紧急情况响应、城市规划、路政建设、运营模式等得到广泛应用。

第四节　大数据分析技术的应用

一、大数据分析技术在制造领域的应用

随着 5G、人工智能、物联网等数字技术的快速发展，数据已经成为影响全球竞争的生产要素与关键战略性资源。在制造领域，数字技术加快渗透到产品全生命周期的各个环节，企业所拥有的数据日益丰富，并涌现出 3V 特性，即规模性（Volume）、多样性（Variety）和高速性（Velocity）等典型的大数据特性。对源源不断的数据进行处理与分析，学习与挖掘制造系统的复杂演化规律机理、知识经验，使制造系统具备自学习、自优化、自调控能力，促进制造系统准确感知内外环境变化，科学分析与决策以优化生产过程、降低成本、提高运营效率，催生大规模定制、精准营销等新模式和新业态。大数据因而被视为重要的生产要素，成为驱动智能制造，助力产业转型升级的关键。

大数据的分析对象，包括企业内部数据与外部数据。其中，内部数据包括原料采购大数据、生产大数据与销售大数据，外部数据包括行业数据、原

料数据、市场数据与客户数据等。通过建立数据主线模型，实现内外部数据的互认标识、建模与融合，从而支撑制造大数据的分析与应用。从应用业务的视角来看，制造系统的大数据分析业务主要包括大数据驱动的产品设计、大数据驱动的生产调度、大数据驱动的产品装配、大数据驱动的质量优化、大数据驱动的设备运维、大数据驱动的制造服务。

（一）大数据驱动的产品智能设计

大数据驱动的产品智能设计指的是利用前端互联网用户评价等数据快速、准确地分析和预测市场需求。这种方法通过后端制造、运维等数据动态关联产品结构和功能设计方案，同时依靠对历史设计方案的学习，提高设计方案的评价能力和智能决策能力，从而形成了一种主动设计模式，综合考虑了用户、市场、工艺和横向集成等多个方面。

基于海量实时数据，这种方法不断提炼设计要点，并逐渐形成了大数据时代产品设计的思维模式。与传统的产品设计方式相比，其不同之处明显。

在设计过程中，传统的产品设计依赖于前期调研所获得的少量、随机抽样数据。这使得样本容量、准确性和覆盖范围成为保证设计成功的前提条件。而在大数据时代，全量样本取代了抽样调研过程，数据挖掘的效率和精度成为保障设计成功的关键。

在设计方式方面，大数据预先挖掘潜在用户的行为特点，构建庞大的用户画像，支持工程师主动设计更符合潜在用户行为习惯的产品。这形成了一种预测式的主动设计方式，与传统设计师依赖灵感或客户反馈的方式有所不同。

在设计工具方面，人工智能、数字孪生、元宇宙等技术的迅速发展使得传统由设计师完成的设计工作逐渐由机器辅助完成。这推动了大规模个性化设计和创新式设计逐步成为主流的产品设计技术。

（二）大数据驱动的生产计划调度

大数据驱动的生产计划调度基于制造过程数据，利用深度学习等方法挖掘实时状态参数与加工时间、等待时间、运输时间等指标之间的复杂演变规律及映射关系，以实现对制造系统状态的分析。同时，基于分析结果，利用深度强化学习等人工智能方法对制造系统中的制造资源进行合理调配，从而提高制造系统运行效率。

大数据驱动的生产调度方法主要集中在以下方面。

第一，系统状态感知与预测。利用各种企业信息系统、嵌入式传感器等收集大量的历史生产数据和实时生产过程信息，能进一步预测订单的完成时间、设备的剩余寿命等系统状态参数，以提升动态调度的性能。

第二，调度方案优化求解。引入大数据方法，采用强化学习等新方法，利用海量数据训练人工智能模型的大量参数。结合局部搜索策略，提高求解复杂大规模调度问题的能力。

第三，调度系统应用。通过数据分析拟合大量简易调度规则与性能之间的关联关系，生成复合调度规则。进一步预测实施该规则下的调度性能，提供了数据驱动的可靠实用调度策略。

（三）数据驱动的产品装配

数据驱动的产品装配中，装配测量与检测是确保产品装配质量的直接保障手段。这一装配过程依据产品的设计、加工水平，并结合历史装配数据，利用 IoT 设备实时采集的装配数据进行分析，旨在实现对装配过程的预测优化。同时，在装配结束后，快速分析装配结果也是重要的，以确保装配质量和最终成品的品质。

当前，人工智能算法在分析和优化装配过程方面逐渐成为产品装配技术的重要发展趋势。智能化检测不仅体现在研究更精确的智能化检测设备和系统上，同时也表现在通过更准确、高效的算法对产品装配数据进行分析。这样的分析根据预测和检测结果反馈，对装配过程进行指导，从而形成装配过程的闭环控制。这种以大数据和人工智能为基础的装配方法，不仅提供了全面和实时的装配数据分析能力，还为装配过程的优化提供了有效的手段。通过对实时数据的分析和预测，产品装配的质量得以提升，确保最终成品符合高质量标准。

二、大数据分析技术在医院审计中的应用

大数据分析技术在国家审计的重点审计项目中已经得到了很好的应用，取得了不错的应用效果。一些先进企业也早已开展审计信息建设，将大数据分析技术通过审计建模方式或者是内嵌至审计平台等方式，致力于企业管理。结合国家对公立医院加强运营管理的新举措、新要求，医院内部审计正在转变思路，更新审计工具。

（一）公立医院应用大数据分析技术的必要性

公立医院医疗改革一直在不断深化，医保支付方式改革、物价调整等都给医院精细化管理带来一定的挑战。同时，各级主管部门加大了对公立医院的监督管理，如医保飞行检查、政府采购督导、预算执行审计等。

医院因自身业务特点和发展需要，已经陆续建立了庞大的管理信息系统，拥有复杂的信息平台、海量的后台数据、多样的数据形式。公立医院内部管理信息系统数量多、涉及维度广、产生数据量大；医院 HIS 系统、医嘱系统、病案系统、物流系统、财务系统、人事管理系统等均记载着对各类决策有用的信息。随着医院业务复杂程度和工作量逐年提升，从庞大、纷繁的数据中挖掘有价值的信息难度不断增加。传统的审计方式已经不能应对前端业务环节信息变化。这就要求公立医院内部审计必须顺应新形势，立足医院战略发展需要，拓展审计思路，优化工作模式，借助新型技术方法，全面提高审计效率和质量，实现审计全覆盖，为医院风险防控、管理决策和提质增效创造更多价值，助力医院发展。

（二）大数据分析技术对医院内审工作的适用性

大数据环境下，审计人员面临不仅有结构化数据，还有越来越多的非结构化数据，如会议文档、外部网页、各类音频或视频文件等。这些文件的单独阅览并非难事，难点在于快速地批量阅读，同时还得能够深入分析、发现关联、提供审计线索。R 语言、Python 是当下比较流行的大数据分析工具，能支持不同格式的数据，且学习的技术门槛并不高，熟练掌握后，审计人员可以结合不同的审计场景，灵活变化。相比于审计平台建设，这种方式更加

便捷、灵活、高效。

结合调研结果来看，管理现状尚不支持开展大范围、大面积的审计信息化建设工作。内嵌审计模块或开发内部审计平台这种方式不仅需要资金，还需要协调各部门。而医院内部审计想要满足高质量发展要求，快速提质增效，最简单快速的方法就是结合不同的审计场景应用大数据分析技术。

第七章　数据可视化技术与应用

数据可视化技术及其应用在当今信息时代具有重要的价值和意义。它是将大数据通过图形化、直观化的方式呈现，以帮助人们更好地理解数据、发现模式、识别趋势以及做出有效的决策。本章探讨数据可视化技术及实现流程、时空数据的可视化分析、数据可视化的图表设计、数据可视化技术的应用。

第一节　数据可视化技术及实现流程

一、数据可视化技术及其发展规律

对于研究大规模数据的人员而言，数据可视化是指综合运用计算机图形学、图像、人机交互等技术，将采集或模拟的数据映射为可识别的图形、图像、视频或动画，并允许用户对数据进行交互分析的理论、方法和技术。而对于广大的编辑、设计师、数据分析师等需要呈现简单数据序列的人员而言，数据可视化是将数据用统计图表和信息图方式呈现，同样符合“3+2”（“文字、图表、图像”+“声音、动画”）的基本构成元素。两种定义其实是从广义和狭义两个不同层面去理解，它们既不是对立的，也没有严格区分，仅是针对不同的业务场景。数据可视化本身是一个不断演变的概念，其边界在不断地扩大，应宽泛地定义。

对于数据可视化的定义，可以从以下两个层面进行理解。

第一，数据可视化最直接的定义应该是将数据通过合适的图表进行展现，以便读者可以最迅速地理解数据所要传达的信息。从这个定义出发，凡是通过图表将数据展示出来的过程都可以称为数据可视化。

第二，通过深入分析数据可视化的要点可知，众多概念对数据可视化的理解其实都是在一些潜在的前提下提出自己对可视化的理解。如何更好地做好数据的可视化，会涉及在开发系统的过程中以业务目标为导向的问题，至少包括：(1) 数据可视化是为了更好地促进行动，所以要让行动的决策人看懂；(2) 当需要在已知的图表类型中进行选择时，要先想想自己想要解决的到底是什么问题。

在目前这个信息爆炸的时代，借助图形化的手段，高效和清晰地交流信息是数据可视化的目的所在。早期，人们对于数据在图形上表现只是停留在饼图、柱状图和直方图等简单的视觉表现形式上。为了更加有效地传达数据信息，帮助用户理解、引起共鸣，可视化的表现形式逐渐从平面扩展到三维，媒介形式也从纸张发展到网络及视频，在互动性和时效性上都不断发生着变化。

(一) 数据可视化的优势体现

无论是哪种职业和应用场景，数据可视化都有一个共同的目的，即明确、有效地传递信息。图形能将不可见现象转化为可见的图形符号，并直截了当地表达出来。因此，数据可视化优势明显，具体而言，包括传递速度快、数据显示的多维性、直观地展示信息以及容易理解与记忆四大优势。

第一，传递速度快。人脑对视觉信息的处理要比书面信息快。使用图形来总结复杂的数据，可以确保对关系的理解要比看那些杂乱的报告或电子表格更快。

第二，数据显示的多维性。在可视化的分析下，数据将每一维的值分类、排序、组合和显示，这样就可以看到对象或事件的多个属性或变量。

第三，直观地展示信息。大数据可视化报告使读者能够用一些简单的图形就能表现那些复杂信息，甚至单个图形也能做到。决策者可以轻松地解释各种不同的数据源。丰富但有意义的图形有助于让忙碌的业务人员和管理者了解问题。

第四，容易理解与记忆。实际上，人在观察物体的时候，有长期的记忆(相当于计算机的硬盘) 和短期的记忆 (相当于缓存)。只有短期记忆一遍又一遍地出现之后，才可能进入长期记忆。很多研究已经表明，在进行理解和学习的时候，图文组合到一起能够帮助读者更好地了解所要学习的内容，图像更容易理解，更有趣，也更容易让人们记住。这就是数据可视化的优势，也是其主要作用。

(二) 数据可视化的发展规律

纵观数据可视化的发展历程，人类对数据的需求由粗糙变精确，展现形式由一维到多维，数据类型由简单到复杂，应用领域由有限变丰富。显然，不同时期数据的规模、精度、类型、来源是影响数据可视化形式的主要因素，政治经济需要、商业化应用和科学研究是数据可视化发展的重要推动力。

大数据可视化注定会成为数据可视化历史中新的里程碑，但由于目前仍处于起步阶段，许多问题尚未解决，所以很难准确预测其发展的走向。从历史规律来看，还需要数学、统计学等其他学科的研究成果帮助大数据可视化发展，因此，更应深刻认识到有效使用新技术和跨专业研究的重要性，不断在实践中创新与学习，注重学科交叉，利用商业、科研、政治等领域的需求和发展来推动大数据可视化学科的进步。

通过分析数据可视化的历史不难发现，可视化是利用人眼感知能力和人脑智能对数据进行交互的可视表达，以增强认知的一门学科。它可以将难以直接显示或不可见的数据映射为可感知的图形、颜色、纹理、符号等，以提高数据识别效率并高效传递有用信息。它的起源、发展、演变与人类文明的进展密切相关。在计算机发明之前，科学家采用绘画的方式记录观测到的物理现象，统计学家采用图表方式统计采样数据，测绘学家采用地图标记空间方位与属性。

进入计算机时代后，信息技术与人类政治、经济、军事、科研、生活进行不断交叉整合，从而催生了大数据。对于复杂的数据，人类利用高性能的计算机往往不能理解其含义，但借助图形常常“一眼”就能识别。数据可视化分析是大数据分析不可或缺的重要手段与工具，将人脑智能与机器智能相结合，将“只可意会，不可言传”的人类知识和个性化经验可视地融入整个数据分析和推理决策过程，使得数据的复杂度逐步降低。

二、数据可视化实现流程的核心要素

数据可视化是对数据的视觉表现的研究，这种数据的视觉表现形式被定义为一种以某种概要形式抽提出来的信息，包括相应信息单位的各种属性和变量。数据可视化的主要目的是通过图像清楚有效地传播信息。为了有效地传递思想，美观的形式与功能性需要密切地关联，通过一种更直观的方式传播关键部分，提供对相当分散和复杂的数据集的洞悉。

数据可视化的设计可简化为四个级联的层次：第一层刻画真实用户的问题，称为问题刻画层；第二层是抽象层，将特定领域的任务和数据映射到抽象且通用的任务及数据类型；第三层是编码层，设计与数据类型相关的视觉编码及交互方法；第四层的任务是创建正确完整系统设计的算法。各层之间是嵌套的，上游层的输出是下游层的输入。

科学可视化和信息可视化分别设计了可视化流程的参考体系结构模型，并被广泛应用于数据可视化系统中。可视分析学的基本流程是通过人机交互将自动数据挖掘方法和可视分析方法紧密结合，可视分析流水线的起点是输入的数据，终点是提炼的知识。从数据到知识有两个途径，即交互的可视化方法和自动的数据挖掘方法，两个途径的中间结果分别是对数据的交互可视化结果和从数据中提炼的数据模型。用户既可以对可视化结果进行交互的修正，也可以调节参数以修正模型。数据可视化流程中的核心要素包括以下三个方面。

(一) 数据表示与转换

数据可视化的第一步是数据表示与转换。这一阶段涉及将原始数据转化为可供可视化工具处理的形式。数据可视化的基础是数据表示与转换，为了允许有效的可视化、分析和记录，输入数据必须从原始状态转换到一种便于计算机处理的结构化数据表示形式。通常这些结构存在于数据本身，需要研究有效的数据提炼或简化方法以最大限度地保持信息和知识的内涵及相应的上下文。有效表示海量数据的主要挑战在于采用具有可伸缩性和扩展性的方法，以便保持数据的特性和内容。

此外，将不同类型、不同来源的信息合成一个统一的表示，使得数据分析人员能及时地聚焦于数据的本质，这也是研究的重点。数据表示与转换包括以下关键步骤。

第一，数据采集与清洗。首先，需要收集原始数据，可能来自多处，如数据库、日志文件、传感器等。然后，数据清洗是不可或缺的一步，以去除错误、缺失值和异常数据，确保数据的质量。

第二，数据整理与转换。数据通常以表格或数据库的形式存在，但可视化常常需要将数据转化为更适合的格式。这可能包括数据透视、合并、聚合等操作，以便将数据组织成可视化工具所需的形式。

第三，特征工程。在数据表示过程中，还可以进行特征工程，通过创建新特征、标准化数据、归一化等方式，使数据更具信息性和可用性。

第四，数据存储。为了有效管理和访问数据，通常需要将数据存储在数据库或数据仓库中，以便在需要时进行检索和分析。

（二）数据可视化呈现

将数据以一种直观、容易理解和操纵的方式呈现给用户，需要将数据转换为可视表示。数据可视化向用户传播了信息，而同一个数据集可能对应多种视觉呈现形式，即视觉编码，数据可视化的核心内容是从巨大的呈现多样性的空间中选择最合适的编码形式。判断某个视觉编码是否合适的因素包括感知与认知系统的特性、数据本身的属性和目标任务。

大量的数据采集通常是以流的形式实时获取的，针对静态数据发展起来的可视化显示方法不能直接拓展到动态数据。这不仅要求可视化结果有一定的时间连贯性，还要求可视化方法达到高效以便给出实时反馈。因此，不仅需要研究新的软件算法，还需要更强大的计算平台（如分布式计算或云计算）、显示平台（如一亿像素显示器或大屏幕拼接）和交互模式（如体感交互、可穿戴式交互）。

（三）可视化交互技术

对数据进行可视化和分析的目的是解决目标任务，有些任务可明确定义，有些任务则更广泛或者一般化。通用的目标任务可分成三类，即生成假设、验证假设和视觉呈现。数据可视化可以用于从数据中探索新的假设，也可以证实相关假设与数据是否吻合，还可以帮助数据专家向公众展示其中的信息。交互是通过可视的手段辅助分析决策的直接推动力。

人们对人机交互的探索已经持续了很长时间，但智能、适用于海量数据可视化的交互技术，如任务导向的、基于假设的方法还是一个未解难题，其核心挑战是新型的可支持用户分析决策的交互方法。这些交互方法涵盖底层的交互方式与硬件、复杂的交互理念与流程，还需要克服不同类型的显示环境和不同任务带来的可扩充性难点。

1. 交互技术的作用

数据可视化系统除了视觉呈现部分，另一个核心要素是用户交互，交互是用户通过与系统之间的对话和互动来操纵与理解数据的过程。无法互动可视化的方式，如静态图片和自动播放的视频，虽然在一定程度上能帮助用户理解数据，但其效果有一定的局限性。特别是当数据尺寸大、结构复杂时，有限的可视化空间大大地限制了静态可视化的有效性。即使用户在解读一个静态的信息图海报时，也常常会靠近或者拉远，甚至旋转海报以便理解，这些动作相当于用户的交互操作。

2. 交互技术的任务

从设计可视化系统的角度出发，研发人员通常根据整个系统要完成的用户任务来选择交互技术。对于不同的应用领域，可视化要完成的任务和达到的目的也不同。一个比较全面的分类包括如下七大类交互任务。

（1）选择。当数据以纷繁复杂多变之姿呈现在用户面前时，此种方式能使用户标记其感兴趣的部分以便跟踪变化情况。

（2）导航。导航是可视化系统中常见的交互手段之一。当可视化的数据空间较大时，可通过缩放、平移、旋转这三种操作对空间的任意位置进行检索，展示不一样的信息。

（3）重配。此法为用户提供观察数据的不同视角，常见的方式有重组视图、重新排列等，克服由于空间位置距离过大导致的两个对象在视觉上关联性降低的问题。

（4）编码。交互式地改变数据元素的可视化编码，如改变颜色、更改大小、改变方向、更改字体、改变形状等，或者使用不同的表达方式以改变视觉外观，可以直接影响用户对数据的认知，从而使用户更深刻地理解数据。

（5）抽象 / 具象。此交互技术可以为用户提供不同细节等级的信息，用户可通过交互控制显示更多或更少的数据细节。如上卷下钻技术，可以达到浏览各个层次级别细节信息的目的。

（6）过滤。通过设置约束条件实现信息查询，通过用户输入的关键词呈现给用户相应的过滤结果，动态实时地更新过滤结果，以达到过滤结果对条件的实时响应，从而加速信息获取效率。

（7）关联。此技术被用于高亮显示数据对象间的联系，或者显示与特定数据对象有关的隐藏对象，可以对同一数据在不同视图中采用不同的可视化表达，也可以对不同但相关联的数据采用相同的可视化表达，让用户可以通过不同的角度和不同的显示方式观察数据。

第二节　时空数据的可视化分析

一、一维标量数据可视化

一维标量数据（单变量数据），就是可以用一个变量来表示的数据集。比如，对 CPU 的使用率进行随机采样所得到的数据集就是一维标量数据。

对于一维标量数据，可以通过散点图来进行可视化。所谓散点图，就是把所有的数据点都描绘在一条直线上（一般使用水平直线），数据点的值决定其在直线上的位置。标准散点图存在一个问题，数据聚集的地方无法清晰地分辨出聚集程度，而值相同的数据点会互相遮蔽而引起误解。为此，一个有效的解决方案是对所有的散点进行随机离散化，生成抖动散点图。可以看到，与之前的散点图相比，抖动散点图在表示数据点的分布和聚集程度上显得更加自然。

在使用抖动图散点时，有两点值得注意：（1）抖动幅度的设置。抖动幅度过小，则散点过于聚集；抖动幅度过大，则散点过于分离。两者都不利于对散点数据进行观察。（2）数据点符号的选择。除空心小圆环，抖动散点图可以用别的符号来表示数据点，如实心小三角形等。不过，在数据量稍大的情况下，空心小圆环是一个很不错的选择，因为即使发生数据点的部分重合，抖动散点图的观察者也可以轻松地分辨出这两个数据点。

二、二维标量数据可视化

(一) 平面坐标系法

相比一维标量数据，二维标量数据可以充分利用二维平面空间，将数据通过柱状图、饼图、折线图等方式直观地表示出来。这些图表通常简洁明了，可以最大限度地传递数据本身的含义，同时通过曲线的变化、颜色的区分，使用户直观地了解到数据间的差别和变化趋势。

1. 柱状图

柱状图的适用场合是二维数据集，但只有一个维度需要比较。柱状图通过柱子的高度来反映数据的差异，但柱状图的局限在于只适用中小规模的数据集。通常来说，柱状图的 X 轴代表时间，用户习惯性地认为存在时间趋势。如果遇到 X 轴不代表时间维的情况，建议用颜色区分每根柱子，改变用户对时间趋势的关注。

2. 饼图

饼图适合反映某类数据部分占整体的比例。如贫穷人口占总人口的百分比，这种情况下使用饼图可以很直观地看到各部分的比例大小，是否超过一半等。但肉眼对面积大小不敏感，在表示数据时建议结合百分比等文字信息。

3. 折线图

折线图适合二维的大数据集，尤其是那些需要关注趋势的情形，比如横轴为时间维度的数据随时间变化图。除此之外，折线图还适合多个二维数据集的比较，可以明显地看出两个数据集之间数值和趋势的差异。

(二) 颜色映射法

在二维数据可视化中，常用颜色表示数据场中数据值的大小，即在数据与颜色之间建立一个映射关系，把不同的数据映射为不同的颜色。在绘制图形时，根据场中的数据确定点或图元的颜色，从而以颜色来反映数据场中的数据及其变化。

颜色映射法可视化方法处理的数据一般为离散网格数据，网格之间的数据采用插值的方法计算。大部分可视化系统的绘制模块一般不直接插值计算网格间的数据，而是利用计算机硬件提供的功能直接对颜色的 RGB 基色值进行插值计算，这样有助于提高绘制速度，但也由此引起了误差：由于大部分颜色映射模型都采用非线性的映射，对颜色的线性插值实际上是对数据的非线性插值，从而造成误差导致完全错误的颜色。实际应用中可采用颜色表方式来解决这一问题，因为颜色表索引与数据间是完全线性的映射关系，不会引起插值误差。

(三) 等值线提取法

等值线提取法是在制图中表示现象数量特征的一种方法。等值线是由制图现象中数值相等的各点连接成的连续曲线，如等高线、等深线、等温线、等压线、等磁偏线等。等值线多用于表示连续分布且渐变的现象，如地势、气候等。根据需要，等值线的间距（值差）可设计成固定的或可变的，也可在相邻等值线间染不同的色彩以增加其明显性（如分层设色地图）。等值线法还可表示一定时间内数值变化的等数值变化线、等速度变化线，表示现象移位的等位移线，表示现象起止时间的等时间线，表示现象不同距离的等距线等。

等值线一般利用若干定位点的测量值经过内插而成。在等值线地图上，不仅可以获得任意点的专题数值高低，而且可以根据等值线的疏密变化直观地了解专题信息的分布与变化规律，如在等高距一定的情况下，等高线密集表示地形陡峭，稀疏则表示地形平缓。在专题等值线地图上，还可采用分层设色，通过色阶的渐变，更直观地表现要素在空间渐变的趋势，同时增强地图的立体感和美感。

三、三维标量数据可视化

常见的标量场可视化方法包括颜色映射、轮廓法及高度图。颜色映射的方法将每一标量数值与一种颜色相对应，可以通过建立一张以标量数值作为索引的颜色对照表的方式实现。更普遍的建立颜色对应关系的方法称为传递函数，它可以是任何将标量数值映射到特定颜色的表达方式。对于颜色映射的可视化，选择合适的对应颜色非常重要，不合理的颜色方案将无法帮助解释标量场的特征，甚至产生错误的信息。轮廓法是将标量场中数值等于某一指定阈值的点连接起来的可视化方法。地图上的等高线、天气预报图中的等温线都是典型的二维标量场的轮廓可视化的例子。多条等值轮廓线（或等值轮廓面）在标量场上分布的稀疏程度表示了相应标量场变化的快慢。二维标量场的轮廓线可以通过移动正方形的方法获得。三维标量场的轮廓可视化即为等值面的提取和绘制。高度图则是根据二维标量场数值的大小，将表面的高度在原几何面的法线方向做相应提升，则表面的高低起伏对应二维标量场数值的大小和变化。

三维标量场也被称为三维体数据场，其主要可视化方法包括直接体绘制和等值面的提取与绘制。直接体绘制通过颜色映射，可以直接将三维标量场投影成二维图像。这种算法并不构造中间几何图元，而是由离散的三维数据场直接产生屏幕上的二维图像。选择三维标量场的颜色映射方案就是对体数据的直接体绘制设计传递函数的问题。如何设计合理的传递函数一直是可视化研究中的重要课题。等值面方法可以更好地表示特定曲面的特征和信息，但与直接体绘制方法相比，丢失了指定等值面以外的数据场信息。另外，直接体绘制虽然显示了包括全部三维数据场的信息，但由于数据之间的遮挡以及体绘制中的合成计算，特征之间可能发生干扰。如何通过选择合理的传递函数，使得体数据可视化最佳地揭示内在特征是一个很大的挑战。此外，三维标量场还可以通过设立切面的方式对特定平面的信息可视化，这种方法在医学成像数据方面使用较多。

三维空间数据场方法主要分为抽取表面信息的可视化方法和直接体绘制方法两种：（1）抽取表面信息的可视化方法（面绘制）：分为断层间的构造等值面、等值面生成；（2）直接体绘制方法（体绘制）：光线投射、投影方法、其他体绘制方法。

（一）等值面绘制

等值面是指空间中的一个曲面，在该曲面上函数 F（x，y，z）的值等于某一给定值 F_t，即等值面是由所有点组成的一个曲面。

在各类等值面提取方法中最经典的是移动立方体法。这一方法首先假定函数值在三维空间中均匀地分布在由立方体组成的三维网络的顶点上，并假定函数值沿立方体棱边作线性变化。在求出等值面与立方体棱边的交点后将它们按一定规则连接起来，就可得到近似表示等值面的一系列的多边形或三角形。根据立方体数值的不同，一共有256种相交情况。通过对称性简化，可以合并成为15种处理情况，再利用计算机图形学中传统的画面绘制技术，就可以得到待求等值面的真实感图形了。

(二) 直接体绘制

体绘制是一种直接由三维数据场产生屏幕上二维图像的技术。在自然环境和计算模型中，许多对象和现象只能用三维数据场表示，对象体不是用几何曲线和几何曲面表示的三维实体，而是以体素作为基本造型单位。例如，人体内部构造就十分复杂，如果仅仅用几何方式表示器官表面，不可能完整显示人体的内部信息。体绘制的目的就在于提供一种基于体素的绘制技术，它有别于传统的基于面的绘制技术，能显示出对象体内部丰富的细节信息。

直接体绘制的代表算法主要包括光线投射法、最大强度投影算法、抛雪球法和剪切曲变法等。其中光线投射法是图像空间的经典绘制算法，它从投影平面的每个点发出投射光线，穿过三维数据场，通过光线方程计算衰减后的光线强度并绘制成图像。

以光线投射法为例，它从图像平面的每个像素向数据场投射光线，在光线上采样或沿线段积分计算光亮度和不透明度，按采样顺序进行图像合成，生成结果图像。光线投射方法是一种以图像空间为序的方法。它从反方向模拟光线穿过物体的全过程，并最终计算这条光线到达穿过数据场后的颜色。

第三节　数据可视化的图表设计

一、数据可视化图表的维度与类型

(一) 图表维度的选择

在大数据时代，随着世界经济文化发展的程度不断加深，对视觉传达领域的关注和对信息的需求在不断增强。信息图表设计就是一种很好的信息可视化的有效途径。[①] 人们首先要明确数据可视化的目标，即通过数据可视化要解决什么样的问题、探索什么内容或陈述什么事实，然后分辨哪些是有价值或值得关注的维度，从而选择数据展示的视角。基本图表的可用维度见表7-1。

表 7-1　基本图表的可用维度

类型	第 1 维度	第 2 维度	第 3 维度	第 4 维度	第 5 维度
柱状图	X 轴	Y 轴	颜色	宽窄	形状
饼图	面积	颜色			
折线图	X 轴	Y 轴	虚实	颜色	
条形图	X 轴	Y 轴	颜色	宽窄	形状
散点图	X 轴	Y 轴	面积	颜色	形状
地图	经度	纬度	颜色	形状	面积

（二）图表类型的选择

1. 比较型图表

比较型图表可以展示多数据之间的相同和不同之处，也可以展示单个数据在时间上的变化趋势，是基于时间或分类维度来进行对比的图表，通过图形的颜色、长度、宽度、位置、角度、面积等视觉变量来对比数据，典型的比较型图表有柱状图、条形图、折线图、雷达图等。

2. 分布型图表

分布型图表通常用于展示连续数据分布情况，通过图形的颜色、大小、位置、长度的连续变化来展示数据的关系。散点图、直方图、正态分布图、曲面图等表现方式都能体现数据的分布关系。

3. 构成型图表

构成型图表，顾名思义就是在同一维度展现结构、组成、占比关系的图表，它可以是静态的，也可以是随时间变化的，最典型的构成型图表就是饼图、环状图，还有百分比堆积柱状图、条形图、面积图。

选择图表的具体做法如下。

① 杨文博．大数据时代下的信息图表可视化传达 [J]. 软件（教育现代化），2018(1)：80.

(1) 为了表现数据的变化和发展趋势可使用折线图。

(2) 不同类别的数据比较，可以使用横向或竖向柱状图，注意最大值和最小值的控制。

(3) 表现不同类别间的比例关系时，可以使用饼图。

(4) 强调数量随着时间变化的程度时，可以使用面积图。

(5) 强调两个变量或多个变量与整体的对比时，可以使用独立的饼图。

(6) 数据过于复杂的时候，可以使用复合图表进行绘制。

二、数据化规范图表设计与优化

(一) 规范化图表设计

规范图表是指规范图表设计的基本构成要素，如图 7-1 所示，图的基本构成元素包括：标题(副标题)、图例、网格线、数据列、数据标签、坐标轴（X 、Y)、X 轴标签、Y 轴标签、辅助信息。根据结构的不同，会相对增加或减少一些元素，如饼图只需要标题、数据列、数据标签就能把数据呈现清楚。

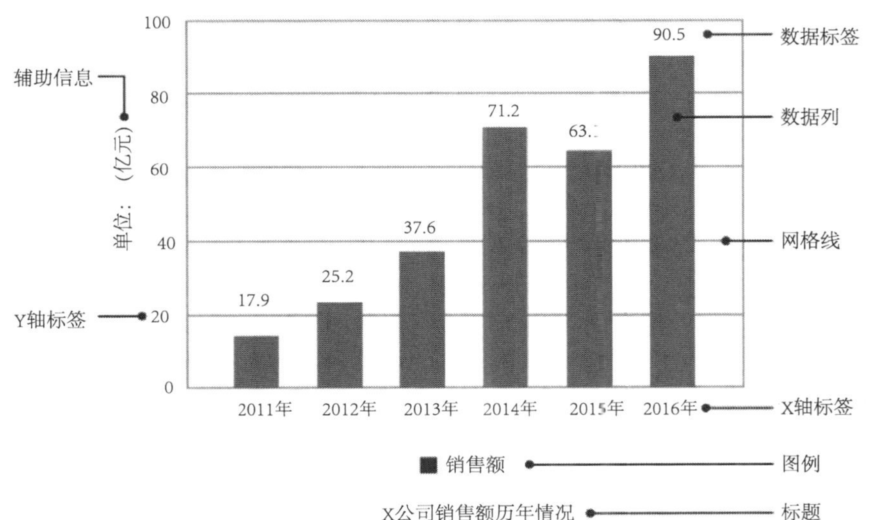

图 7-1 图基本构成元素示意图

还要注意图表层次，包括文字信息层、视觉图形层、坐标网格层。与此同时，要在图表中突出关键信息，即根据可视化展示的目标，通过对重要信息添加辅助线或更改颜色等手段，进行信息的凸显，将用户的注意力引向关键信息，帮助用户理解数据意义。

（二）图表优化的实现

1. 折线图的优化

直接在折线旁边标出类别名称，避免受众逐个去找对应的折线和名称，因为这样经常会出错；如果折线过多，可以拆分成多个折线图分开展示，因为线条过多时，除了可以表现数据有很多类别之外毫无用处。折线图适合表现时间序列上的趋势变化，对于非时间类别的数据，显示效果并不理想，应该尽量避免；合适的场景下可以把线条适当加粗，提高数据墨水比，帮助受众加深印象；谨慎使用虚线，因为虚线一般表示预测值。

2. 扇形图的优化

注意控制没有意义的颜色，避免图表过于花哨；可以使用同色系的颜色，通过深浅表现数据大小，用不同颜色突出某一数量；控制扇形的数量，因为如果扇形数量太多会影响扇形之间的大小对比，一般而言，扇形数量以 2 ~ 7 个为宜；可以按照顺时针方向进行大小排序，改善扇形图的显示效果；为避免受众逐个查找对应的扇形与名称，可以直接在扇形内部标上名称；尽量不把扇形完全分离，因为分离的作用是强调效果，否则毫无意义。

3. 数据表格的优化

到目前为止，表格仍然是可视化的基本构成元素之一，它在人们的日常基础交流中收集和组织了大部分信息，如何优化这些表格，需要明确以下做法。

（1）对齐至关重要。对齐是指表格中，数字、文字、表头的对齐方式。其中，数字最好右对齐，文字最好左对齐，表头应与数据的对齐方式一致，不要使用居中对齐。

（2）一致的有效数字相当于更好的对齐。有一种简单的方法能让表格看起来更整齐，那就是保持一致的有效数字（一般情况下指小数点后的位数），这样每一列数据中小数点后的位数就都是一样的。表格中的数字不是越精确越好，需要多少有效数字就显示多少位，不必太多。

（3）短小简洁的标签。使用标签辅助数据很重要，这些辅助的内容使数据表格能获得更多读者，适用范围很广。

（4）清晰简洁的标题。给数据表格一个清晰简洁的标题与其他设计同样重要。一个好的标题可以让表格适配更多环境。

（5）统一单位并正确标注。一般来说，表格中每一行或列的数据都使用同一单位，因此，与其在每一个格数据后面都写单位，不如在每行或列的标题上标出单位。

（6）简洁的表头。表头越短越好，长表头会占用很多视觉空间。

第四节　数据可视化技术的应用

一、可视化技术在大数据审计中的应用方向

随着审计业务日益复杂、审计风险不断上升，传统审计模式的局限性越来越明显，向大数据审计转型是大势所趋。目前迫切需要解决的问题是如何尽快将具体的新技术应用于审计实践，逐渐搭建起大数据审计框架。可视化技术是一个简单而又实用的技术，必将大量应用于审计实践中。

（一）可视化人员进度安排

技术的进步将带来审计人员的专业化，未来审计的工作形式将从垂直结构变为平台型结构。在目前的垂直型审计模式当中，每个审计团队将独立完成业务承接、执行审计程序、出具审计报告的全过程，团队之间几乎没有联系。在这种模式当中，团队成员根据入职年限、工作经验和能力分工完成不同科目，每个人都涉及审计沟通、取证、数据分析等所有工作，将每个成员都锻炼成了“多面手”，但就团队整体而言，这种形式不利于发挥不同成员的比较优势，无法形成专业化运营，不利于工作效率和准确性的提升。

随着大数据审计的发展，数据分析日益成为审计工作的核心，现场协调人员、质量控制人员、技术人员都将围绕数据分析工作提供帮助。因此，审计工作的形式将从现有的垂直结构转变为以数据分析平台为核心的平台型结构。可以根据人员特征将所有审计人员分为数据分析、质量控制、现场

核查、技术支持、协调沟通等多个小组，通过专业化分工提高审计工作的专业性和效率。目前一些会计师事务所已经将部分基础性工作集成到内部商业服务中心，显现了专业化分工的雏形。在审计过程中可以通过仪表盘、甘特图等形式展示各平台型小组的分工情况、进度安排、遇到的问题和困难等，帮助项目负责人综合了解项目进度并协调各小组的工作，实现项目组内部的实时协调、资源共享。

（二）可视化数据建模

随着可视化技术的发展，审计工作必将日益依赖图表展示和表达结果。可视化工具能够提供直观、简洁的方法表示审计分析的过程，帮助审计人员定位可疑、重要的信息。

第一，词云图可以将出现频率比较高的关键词进行大小、颜色上的突出显示。在实务审计工作中，存在大量的文本数据，如销售、采购合同、企业内部文件等，审计人员可以借助词云图及时找到审计方向，定位需要进行额外审计程序的主要企业。

第二，散点图常用来表示 X 、Y 坐标轴之间数据的变化关系，在可视化软件中可以将三个维度和两个度量相结合，表示出更多的信息。散点图还有另一个重要功能就是数据拟合。在数据拟合的过程中，通过判断横纵坐标轴大致数量关系，选择需要添加的趋势线类型，趋势线外分布较为离散的点属于异常、可疑数据，需要审计人员进行重点分析。

第三，气泡图可以通过气泡大小直观反映数值的大小。气泡图与散点图有一定的相似之处，都是通过点的位置表示坐标轴的数量关系，也可以像彩色散点图那样对不同的气泡上色，不同之处在于气泡图可以在图中额外加一个大小变量反应数量关系。特别是对于不同时间维度下的同一类数据，可以制作动态气泡图，并追踪气泡痕迹，反映同一数据在不同时间线的变化情况，帮助进行纵向时间线的分析。

第四，箱线图是一种用于显示数据分散情况的统计图表，在箱线图中用上边界、下边界、中点、上四分位数、下四分位数五个点对一个数据集进行简单总结。审计人员通过箱体的长短判断数据的波动情况，找到异常值。

第五，填充地图是进行区域分析的重要工具。在审计过程中经常会碰到有关产品销量、销售额等地区分布的信息，审计人员可以通过制作可视化地图，直观地将地理数据和财务、业务数据相结合，展示不同地区产品的销售情况。此外，为了将不同度量的数据展示在同一图表中，可以通过标记双轴的方式将销售额、利润等维度通过颜色深浅、图形大小在同一张图表中一起展示，帮助审计人员进行区域对比分析。

第六，钻取是非常实用的可视化联机分析处理（OLAP）分析操作，可以在利用可视化图表分析业务问题时，由宏观层面向下逐级钻取至明细数据；或者先展示明细数据，再向上钻取至汇总数据。在日常审计过程中，常遇到多层分类数据，审计人员可以通过创建分层结构，逐层分析、展示这些科目的数据结构，使审计工作更加明晰、有条理。

第七，社会网络分析是研究个体、群体或社会之间的社会关系结构及其属性的规范和方法。在审计工作当中，社会网络分析有着广泛的运用空间：其一方面可以在内控分析中通过追踪企业内部单据签字流程，绘制流程关系图，发现流程审批缺陷，评估企业内控情况；另一方面，可以用于关联方分析领域，通过计算机编程语言（Python）从企业信息查询网站上爬取（根据万维网网页链接，获取相关万维网资源的手段）客户的股东信息后，绘制企业与股东关系网络图，直观显示企业之间持股情况，帮助审计人员找到隐蔽的关联方关系。

（三）可视化结果展示

仪表板是显示在单一位置的多个工作表、图形的集合，能够同时比较多种数据，还能够在仪表板上添加筛选器、突出显示等功能，实现关联数据的交互分析和展示。特别是通过联机分析功能在仪表板中实现各图表之间相互联动，排除其他非相关信息的干扰，使数据使用者能够以多维的视角对相关数据进行分析并帮助其做出决策。

审计人员还可以利用可视化技术出具财务报表，增强财务报告的可读性。如借助矩形块图实现资产负债表、利润表的可视化，用于替代资产和销售百分比法，通过矩形图块的颜色深浅、大小显示固定资产、银行存款、营业成本、销售费用、净利润等主要科目的金额和占资产或收入的比重，使报表使用者一目了然。可采用对比柱状图的形式实现现金流量表的可视化，左侧柱形代表流出金额，右侧柱形代表流入金额，通过柱形长度直观反映流入/流出金额的大小，并通过钻取实现三级动态图表连接。

二、大气污染防治审计中数据可视化技术的应用

大数据环境为大气污染防治审计提供了全方位分析的相关数据，比如，审计人员可以对以下数据进行分析。

第一，文本数据。例如，被审计单位的业务介绍、部门年度工作总结、批准的相关项目、大气污染防治工作情况的报告、相关审计报告。通过这些文本数据，审计人员可以了解目前被审计单位的相关业务情况、大气污染防治工作情况等，便于审计人员开展相关审计工作。

第二，空气质量监测数据。例如，空气质量日均值监测数据、国控站点和省控站点细颗粒物（PM2.5）小时监测数据等。通过这类数据，审计人员可以掌握目前被审计地区空气质量等相关信息。

第三，站点经纬度信息。例如，国控和省控站点的经纬度信息，审计人员可以使用这些数据来查看国控站点和省控站点的分布情况，确定国控和省控站点的位置，从而为相邻站点监测数据分析比较等打下基础。

第四，相关企业用电数据。这类数据用于分析相关企业的生产情况，审计人员可以使用这些数据来分析相关企业与大气污染物排放之间的关系。

第五，相关财务数据。例如，大气污染防治资金使用情况等，审计人员可以使用这些数据来分析被审计单位是否合理使用了大气污染防治资金。

第六，其他外部相关数据。除了通过以上方法获得被审计单位的相关数据之外，审计人员还可以通过一些大数据采集工具（如网络爬虫等）抓取相关环保部门网站上的相关公开空气质量监测数据，便于审计人员辅助判断空气质量监测数据的真实性等情况以及开展其他大数据分析。

基于大数据可视化分析技术的大气污染防治审计方法原理可概述为：根据对被审计单位的调查，在访谈和现场观察等基础上，采集被审计单位的内外部相关大数据，如相关财务数据、站点经纬度数据、相关企业用电数据、空气质量监测数据等结构化数据，被审计单位批准的相关项目数据、大气污染防治工作情况的报告、部门年度工作总结等相关数据等非结构化数据，然后对采集来的相关数据进行审计大数据预处理。在此基础上，基于

“总体分析、发现疑点、分散核查、系统研究”的审计思路，采用大数据工具对空气质量监测数据、相关财务数据、相关企业用电数据、被审计单位批准的相关项目数据等相关结构化和非结构化数据进行建模和整体分析，审计人员通过对可视化的分析结果进行观察，快速从被审计大数据信息中发现异常情况（如大气污染防治相关数据变化情况、被审计地区大气污染防治相关信息系统建设使用情况等），获得审计线索。在此基础上，通过对这些异常数据做延伸审计和审计事实确认，最终获得审计证据。

第八章　数据管理与数据库技术

数据管理与数据库技术在当今信息时代具有重要的意义和价值，对于组织、企业和个人来说重要。它们为有效地存储、管理、访问和分析数据提供了基础和支持。本章主要探讨数据管理与数据库系统、数据库的设计与实施、数据库事务管理与并发控制。

第一节　数据管理与数据库系统

数据库技术是管理信息最先进的工具，随着互联网的快速发展，今天的数据库已经成为企业和组织的基本组成部分。

一、数据信息与数据管理技术

（一）数据、信息与数据处理概念

数据是对客观事物的一种反映或描述，是用一定方式记录下来的客观事物的特征。数据是数据库中存储的基本对象。信息是人围绕某个目的从相关数据中提取的有价值的意义。数据是承载信息的物理符号，而信息是数据的内涵。二者的区别是：数据可以表示信息，但不是任何数据都能表示信息，同一个数据也可以有不同的解释。信息是抽象的，同一信息可以有不同的数据表示方式。

数据处理是将数据转换成信息的过程。这个过程是指对所输入的数据进行加工整理，包括对数据的收集、存储加工、分类、检索、传播等一系列活动。目的是从大量的、已知的数据出发，根据事物之间的固有联系和运动规律，采用分析、推理、归纳等手段，提取对人们有价值、有意义的信息，作为决策的依据。

（二）数据管理技术的发展阶段

1. 人工管理阶段

20 世纪 50 年代以前，人们还把计算机当作一种计算工具，主要用于科学计算。用户针对某个特定的求解问题，首先确定求解的算法，然后利用计算机系统所提供的编程语言，直接编写相关的计算程序，给出自带的相关数据，将程序和相关的数据，通过输入设备送入计算机，计算机处理完后输出用户所需的结果。不同的用户针对不同的求解问题，均要编制各自的求解程序，整理各自程序所需要的数据，数据的管理完全由用户自己负责，这就是人们所说的数据的人工管理阶段。

数据管理在该时期的特点是数据与程序不具有独立性。数据由程序自行携带，这就使程序严重依赖数据。因为没有统一的数据管理软件，数据的存储结构、存取方式、输入输出方式等都由应用程序处理，这就给应用程序开发人员增加了很重的负担，并且效率较低。在此阶段还有大量的数据冗余。由于数据是面向应用程序的，一个程序携带的数据，在程序运行结束后就连同该程序一起退出了计算机系统。

2. 文件系统阶段

20 世纪 50 年代后期至 60 年代中后期，计算机开始大量用于数据处理工作，大量的数据存储、检索和维护成为紧迫的需求。为了方便用户使用计算机，提高计算机系统的使用率，产生了以操作系统为核心的系统软件，管理计算机资源。操作系统管理中的文件是重要资源，操作系统提供了文件系统的管理功能。在文件系统中，数据以文件形式组织与保存，文件是一组具有相同结构的记录的集合，记录是由某些相关数据项组成的。数据被组织成文件后，就可以与处理它的程序相分离而单独存在。数据根据其内容、结构和用途不同可以组织成若干不同名称的文件。文件系统还为用户程序提供了对文件进行管理与维护的操作或功能，包括对文件的建立、打开、读写和关闭等。应用程序可以调用文件系统提供的操作命令来建立和访问文件，应用系统就成了用户程序与文件之间的接口。

用户在设计应用程序时，只要根据文件系统的要求来建立和使用相应的数据文件，考虑数据的逻辑结构和特征、规定的组织方式与存取方法。这一形式简化了用户程序对数据的直接管理功能，提高了系统的使用效率，对数据的管理也因此进入了所谓的文件系统阶段。但这个阶段的数据管理存在以下问题。

(1) 应用程序的开发效率低。应用程序开发人员必须对所用文件的逻辑结构和物理结构有清楚的了解。文件系统只提供打开、关闭、读、写等几个低级的文件操作命令，对文件的查询、修改等处理都必须在应用程序内解决，这样就不可避免地导致应用程序功能上的重复设置。

(2) 文件的设计很难满足多种应用程序的不同要求。在文件系统中，没有维护数据一致性的监控机制，数据的一致性由用户自己维护。在复杂的大型信息系统中，要保证数据的一致性，几乎不可能实现。

(3) 数据独立性差。文件系统中文件结构的设计是面向应用程序的，文件结构的每处修改都将导致应用程序的修改，而随着应用环境和需求的变化，对文件结构的修改是经常发生的，因此，维护应用程序的工作量很大。

(4) 文件系统不支持对文件的并发访问。现在的计算机系统多为多通道程序系统，允许多个应用程序并发运行。但文件系统一般不支持多个应用程序对同一文件的并发访问。

(5) 没有对数据的统一管理。由于数据缺少统一管理，在数据的结构、编码、表示格式命名以及输出格式等方面不容易做到规范化，在数据的安全保密方面也难以采取措施。

这些问题阻碍了数据处理技术的发展，因此，应用需求催生了数据库技术。

3. 数据库系统阶段

从 20 世纪 60 年代后期开始，计算机应用管理的规模庞大，对数据共享的要求与日俱增。大容量磁盘系统的使用，使计算机联机存取大量数据成为可能；软件价格上升，硬件价格相对下降，使独立开发系统和维护软件的成本增加。要想解决独立性问题，实现数据统一管理，发展数据库技术是必不可少的。数据库技术为数据管理提供了一种完善的高级管理方式，对所有的数据实行统一、集中管理，使数据的存储独立于使用它的程序，从而实现数据共享数据库是通用化的相关数据集合，不仅包括数据本身，而且包括相关数据之间的联系。数据库中的数据是整个信息系统全部数据的汇集，面向所有合法用户，其数据结构独立于使用数据的程序。数据库的建立、使用和维护等操作由专门的软件系统即数据库管理系统（DBMS）统一进行。这个阶段的数据库系统的特点如下。

（1）从全局观点组织数据。对于数据的描述，在数据库系统中，既要描述数据本身，还要描述数据之间的联系。从整体看，不仅要考虑一个应用的数据结构，更要考虑整个组织的数据结构。数据库系统实现的整体数据的结构化，是数据库的一个主要特征。

（2）实现数据共享，减少数据冗余。从整体角度描述数据，数据是面向整个系统的，因此数据可以被多个用户、多个应用程序共享使用。数据共享可以节约存储空间，减少存取时间，避免数据之间的不相容性和不一致性，更好地实现数据规范化和标准化。

（3）采用特定的数据模型，具有较高的数据独立性。在数据库系统阶段，由数据库管理系统对数据进行统一管理，用户可以在更高级的抽象级别上观察和访问数据，而不必考虑有关文件的打开、关闭、读、写等一些低级操作，也不必关心数据存储和其他实现的具体细节。同时，DBMS 屏蔽了对文件结构所做的一些修改，从而减少应用程序维护和修改的工作量，提高了数据的独立性。

（4）有统一的数据控制功能。数据库是系统中各用户的共享资源，数据安全性控制机制能保护数据不被非法使用，且能防止数据库被非法使用造成的数据泄密和破坏。完整性控制机制能保证数据的正确性、有效性和相容性，在发生故障的情况下能完成数据一致性的恢复功能。并发控制机制能使用与不同类型用户交互的多用户界面，保证并发访问时的数据一致性。

二、数据库管理系统

数据库管理系统是指数据库系统的核心软件。[①] 用户对数据库进行操作，是由 DBMS 把操作从应用程序带到外模式、模式，再导向内模式，进而操作存储器中的数据。DBMS 的主要目的是提供一个可以方便地、有效地存取数据库信息的环境。

① 曹蓉，鲍亮，崔江涛，等. 数据库系统参数调优方法综述 [J]. 计算机研究与发展，2023(3)：635-653.

数据库管理系统的功能可以分为数据库的定义功能、数据库的操纵功能、数据库的保护功能、数据库的维护功能等。

（1）数据库的定义功能。DBMS 提供数据库的描述语言（DDL）定义外模式、模式、内模式以及相互间的映射关系，定义数据的完整性、安全控制等约束。

（2）数据库的操纵功能。DBMS 提供数据库的操纵语言（DML）实现对数据库中数据的操作。基本的数据操作有查询、插入、删除和修改。

（3）数据库的保护功能。DBMS 提供四个方面的保护工具：①恢复功能。数据库的恢复功能是指在数据库被破坏或数据不正确时，系统有能力把数据库恢复到正确状态。②并发控制。数据库的并发控制是指当多个用户同时对同一数据的操作可能会破坏数据库中的数据，或者用户读了不正确的数据时，它能防止错误发生，正确处理好多用户、多任务环境下的并发操作。③安全性控制。数据的安全性控制防止未经授权的用户蓄谋或无意地存取或修改数据库中的数据，以免数据泄露、更改或破坏。④完整性功能。数据库的完整性功能可以保证数据及语义的正确性和有效性，防止任何对数据造成错误操作。

（4）数据库的维护功能。数据库的维护功能由数据装载程序、性能监控程序、文件重组程序和性能监控程序等实用程序组成，由数据库管理员使用。数据装载程序把正文文件或顺序文件中的数据转换成数据库中的格式，并装入数据库中。在系统发生灾难性故障后，可以把备份中的数据库重新装入其他磁盘，供用户使用。文件重组程序把数据库中的文件重新组织成其他不同形式的文件以改善系统的性能。性能监控程序监控用户使用数据库的方式是否合乎要求，收集数据库运行的统计数据。数据库管理员根据这些统计数据做出判断，决定采取何种重组方式来改善数据库运行的性能。

第二节　数据库的设计与实施

一、数据库设计

数据库设计是指对于一个给定的应用环境，构造（设计）优化的数据库逻辑模式和物理结构，并据此建立数据库及其应用系统，使之能够有效地存储和管理数据，满足各类用户的应用需求，包括信息管理要求和数据操作要求。

信息管理要求，是指在数据库中应该存储和管理哪些数据对象；数据操作要求，是指对数据对象需要进行哪些操作，如查询、增、删、统计等。

数据库设计的目标是为用户和各种应用系统提供一个信息基础设施和高效率的运行环境。高效率的运行环境包括数据库数据的存储空间的利用率、数据库系统运行管理的效率等都是高的。

大型数据库的设计和开发是一项庞大的工程，是涉及多学科性的综合性技术。数据库建设是指数据库应用系统从设计、实施到运行与维护的全过程。数据库建设和一般的软件系统的设计、开发和运行与维护有许多相同之处，更有其自身的特点。

在数据库建设中不仅涉及技术，还涉及管理。要建设好一个数据库应用系统，开发技术固然重要，但相比之下管理更加重要。这里的管理不仅仅包括数据库建设作为一个大型的工程项目本身的项目管理，而且包括企业（应用部门）的业务管理。

企业的业务管理更加复杂，也更重要，对数据库结构的设计有直接影响。这是因为数据库结构（数据库模式）是对企业中业务部门的数据以及各个业务部门之间数据联系的描述和抽象。业务部门数据以及各个业务部门之间数据的联系是和各个部门的职能、整个企业的管理模式密切相关的。

人们在数据库建设的长期实践中深刻认识到一个企业数据库建设的过程是企业管理模式的改革和提高的过程。只有把企业的管理创新做好，才能实现技术创新，才能建设好一个数据库应用系统。

二、数据库实施

完成数据库的物理设计之后，设计人员就要用 RDBMS 提供的数据定义语言和其他实用程序将数据库逻辑设计和物理设计结果严格描述出来，成为 DBMS 可以接受的源代码，再经过调试产生目标模式。然后就可以组织数据库入库了，这就是数据库实施阶段。

(一) 数据的载入与应用程序调试

数据库实施阶段包括两项重要的工作：一项是数据的载入；另一项是应用程序的编码和调试。

一般数据库系统中，数据量都很大，而且数据源于部门中的各个不同的单位，数据的组织方式、结构和格式都与新设计的数据库系统有相当的差距。组织数据录入就要将各类源数据从各个局部应用中抽取出来，输入计算机，再分类转换，最后综合成符合新设计的数据库结构的形式，输入数据库。因此，这样的数据转换、组织入库的工作是相当费力、费时的。

特别是原系统是手工数据处理系统时，各类数据分散在各种不同的原始表格、凭证、单据之中。再向新的数据库系统中输入数据时，还要处理大量的纸质文件，工作量就更大。

为提高数据输入工作的效率和质量，应该针对具体的应用环境设计一个数据录入子系统，由计算机来完成数据入库的任务。在原数据入库之前要采用多种方法对它们进行检验，以防止不正确的数据入库，这部分的工作在整个数据输入子系统中是非常重要的。

现有的 RDBMS 一般都提供不同 RDBMS 之间数据转换的工具，若原来是数据系统，就要充分利用新系统的数据转换工具。

数据库应用程序的设计应该与数据库设计同时进行，因此，在组织数据入库的同时还要调试应用程序。应用程序的设计、编码和调试的方法、步骤在软件工程等课程中有详细讲解，这里就不赘述了。

(二) 数据库的试运行

在原系统的数据有一小部分已输入数据库后，就可以开始对数据库系统进行联合调试，这又称为数据库的试运行。这一阶段要实际运行数据库应用程序，执行对数据库的各种操作，测试应用程序的功能是否满足设计要求。如果不满足，对应用程序部分则要修改、调整，直到达到设计要求为止。

在数据库试运行时，还要测试系统的性能指标，分析其是否达到设计目标。在对数据库进行物理设计时已初步确定了系统的物理参数值，但一般情况下，设计时的考虑在许多方面只是估计，跟实际系统运行总有一定的差距，因此，必须在试运行阶段实际测量和评价系统性能指标。事实上，有些参数的最佳值往往是经过调试后才找到的。如果测试的结果与设计目标不符，则要返回物理设计阶段，重新调整物理结构，修改系统参数，有些情况下甚至要返回逻辑设计阶段，修改逻辑结构。

（三）数据库的运行维护

数据库试运行合格后，数据库开发工作就基本完成，即可投入正式运行了。但是，由于应用环境在不断变化，数据库运行过程中物理存储也会不断变化，对数据库设计进行评价、调整、修改等维护工作是长期的，也是设计工作的继续和提高。

在数据库运行阶段，对数据库经常性的维护工作主要是由 DBA 完成的，具体如下。

第一，数据库的转储和恢复。数据库的转储和恢复，是系统正式运行后最重要的维护工作之一。DBA 要针对不同的应用要求制订不同的转储计划，以保证一旦发生故障能尽快将数据库恢复到某个一致性的状态，并尽可能减少对数据库的破坏。

第二，数据库的安全性、完整性控制。在数据库运行过程中，由于应用环境的变化，对安全性的要求也会发生变化，比如有的数据原来是机密的，现在变成可以公开查询的了，而新加入的数据又可能是机密的了。系统中用户的密级也会改变。这些都需要 DBA 根据实际情况修改原来的安全性控制。同样，数据库的完整性约束条件也会不断变化，也需要 DBA 不断修正，以满足用户要求。

第三，数据库性能的监督、分析和改造。在数据库运行过程中，监督系统运行，对监测数据进行分析，找出改进系统性能的方法是 DBA 的又一重要任务。目前，有些 DBMS 产品提供了监测系统性能参数的工具，DBA 可以利用这些工具方便地得到系统运行过程中一系列性能参数的值。DBA 应仔细分析这些数据，判断当前系统运行状况是否最佳，应当做哪些改进，如调整系统物理参数或对数据库进行重新组织或重新构造等。

第四，数据库的重组织与重构造。数据库运行一段时间后，由于记录不断增、删、改，会使数据库的物理存储情况变坏，降低了数据的存取效率，数据库性能下降，这时 DBA 就要对数据库进行重组织或部分重组织（只对频繁增、删的数据进行重组织）。DBMS 一般都提供数据重组织用的实用程序。在重组织的过程中，按原计划要求重新安排存储位置，回收垃圾、减少指针链等，提高系统性能。

第三节　数据库事务管理与并发控制

一、数据库事务管理

事务是数据库的一项基本技术，通过对事务进行管理来实现并发控制及其他一些控制需求（如恢复等），从而保证数据的一致性、完整性和可靠性。可以把数据库上的所有操作理解为是由一个个事务组成的，可以把完成用户一个特定工作的一组命令看作一个事务，所以事务也就是作业或任务。换言之，事务是构成单一逻辑工作单元的操作集合。

并不是每一个对数据库的完整操作都可以用一条命令来完成，多数情况下都可能需要一组命令来完成一个完整的操作。这就可能会发生问题，可能会在执行这一组命令的过程中发生各种意外情况，如软件出现意外错误、硬件发生意外故障或突然断电，这些都会使正在进行的操作强制中断。这时候对数据的更新尚未完成，数据既不是当前的正确状态，也不是在此之前某一时刻的正确状态，数据处于“未知”状态。“未知”状态的数据是不可靠的，也是不能使用的，必须能够保证数据永远在确定的状态。

（一）事务的性质

一个事务是一个完整的操作，是一个整体——它或者完全执行，或者完全不执行。在数据库上多个用户常常会使用和更新相同的数据，因此必须避免事务间的相互干扰，这样才能保证数据库不会处于“未知”状态。因此，数据库系统必须保证事务的以下性质，事务的这些性质通常称为 ACID 特性（取 4 个英文单词的第一个字母）。

（1）原子性（atomicity）。事务的原子性强调一个事务是一个逻辑工作单元，是一个整体，是不可分割的。一个事务所包含的操作要么全部做，要么全部不做。为此，在执行事务过程中，如果遇到系统故障或其他原因使事务被迫终止，系统必须有能力使数据不处于“未知”的状态。这是数据库系统本身的责任，是恢复技术要解决的问题。

（2）一致性（consistency）。一个事务执行一项数据库操作，事务将使数据库从一种一致性的状态变换成另一种一致性状态。在事务执行前，总是假设数据库是一致的，那么当事务成功执行后，数据库肯定仍然是一致的。但是，如果事务在执行过程中被迫中断，那么数据库将处于不一致的状态。之所以会出现这种不一致性，是因为一个事务没有完整地执行。由此可见，事务的一致性和原子性密切相关。

（3）隔离性（isolation）。并发执行的事务不应该交叉影响，即一个事务内部进行的操作和使用的数据应该与其他事务隔离。或者说，由并发事务所做的修改必须与任何其他并发事务所做的修改隔离。查看数据时数据所处的状态，要么是另一并发事务修改它之前的状态，要么是另一事务修改它之后的状态，事务不会查看中间状态的数据。

（4）持久性（durablility）。事务的持久性是指一旦事务成功完成，该事务对数据库所施加的所有更新都是永久的。即在事务成功完成之后，任何系统故障都不能破坏已经完成的事务。事务的持久性是数据库管理系统的责任，它属于恢复技术要解决的问题。

事务的 ACID 性质或者与并发控制有关，或者与恢复有关。保证事务的 ACID 性质正是数据库管理系统中并发控制机制和恢复机制的责任。

（二）SQL 对事务的作用

在数据库上的操作是由一系列事务组成的，所以需要告知数据库管理系统，事务什么时候开始，什么时候结束。

SQL 有一组管理事务的命令，其中事务开始的命令是 BEGIN TRANSACTION，它说明了对数据库进行操作的一个逻辑单元的起始点。事务的结束则分为两种状态：成功或失败。如果构成一个事务的所有语句操作都成功、正确完成，则使用 COMMIT TRANSACTION 命令结束事务，它的作用是提交或确认事务已经完成，所以该命令也称为事务提交。

提交或确认事务就是确认事务中的语句对数据库所做的更新操作，事务一经提交，则不可以再撤销。如果一个事务在执行的过程中遇到意外故障或错误，使得事务没有能够完全执行，这时事务或数据库处于一种不确定的状态，为此需要撤销已经完成的部分操作，使数据库能够回退到事务执行之前的正确状态。撤销事务的命令是 ROLLBACK TRANSACTION，即撤销在该事务中对数据库所做的更新操作，使数据库回退到事务的起始点。

二、数据库并发控制

(一) 干扰问题

并发控制算法是数据库系统保证事务执行正确且高效的重要手段，一直是数据库工业界和学术界研究的核心问题之一。① 数据库并发控制中的干扰问题是指在多个并发事务同时访问和修改数据库时可能出现的一些不希望发生的情况，其中包括以下类型的干扰。

第一，丢失修改。两个事务同时读取同一数据项，然后一个事务修改了该数据项并提交了事务，然后另一个事务也修改了同一数据项并提交了事务，导致第一个事务所做的修改丢失。

第二，脏读。一个事务读取了另一个事务尚未提交的数据，如果另一个事务在之后回滚了，则读取的数据实际上是无效的。

第三，不可重复读。一个事务多次读取同一数据项，在这些读取之间，另一个事务修改了该数据项，并提交了事务，导致第一个事务在多次读取时得到了不同的结果。

第四，幻读。一个事务在读取了一定范围的数据后，另一个事务插入了新的数据项或删除了已有的数据项，并提交了事务，导致第一个事务在接下来的读取中发现了之前不存在或者多余的数据项。

(二) 可串行性

可串行性通常看作多个事务并发执行的正确性准则。换句话说，多个事务的某个执行过程是正确的，具体判定方法如下。

---

① 赵泓尧，赵展浩，杨皖晴，等．内存数据库并发控制算法的实验研究 [J]. 软件学报，2022(3)：867-890.

第一，各单个事务如能将数据库从一个正确状态转变为另一个正确状态，则认为该事务是正确的。

第二，按任何一个串行顺序依次执行多个事务也是正确的（这里的串行顺序假定各个事务间彼此独立、不交叉）。

第三，事务的交叉执行过程是正确的，当且仅当其与串行执行过程等价，则事务是可串行化的。

由此可见，可串行化是判定并发执行的事务能否保证数据一致性的重要准则。可串行化与事务的隔离性密切相关。

（三）封锁

使事务能够同时执行而又不产生相互干扰，就需要对这样的事务进行并发控制，其基本思想是封锁。封锁的基础思想是：当需要查询或更新数据时，先对数据进行封锁，以拒绝来自其他事务的干扰。封锁的思路很简单，就是占据资源、禁止其他事务使用。以前面丢失更新问题为例，实施封锁的基本思想是，当一个事务对一个表或记录进行更新时，封锁该表或记录，使其他事务不能在同一时刻更新相同的表或记录，迫使其他事务在更新后的基础上（而不是在更新前的基础上）再实施另外的更新操作。

封锁可以解决事务之间的干扰问题，如果封锁不加节制，整个系统的效率将会变得非常低。所以，针对不同的干扰问题可以有不同的封锁机制。既要保证事务的隔离性，还要尽可能保证系统的并发执行效率。一个效率低下的系统是不能接受的。一个好的数据库管理系统应该可以在同一时刻允许最大量的用户访问，即保证系统的并发性；同时必须保证并发事务操作结果是正确的，即保证数据的一致性。

为了保证数据的一致性，并且允许最大量的并发用户，数据库管理系统一般提供三种封锁机制，即共享封锁、独占封锁与更新封锁（其中共享封锁和独占封锁一般被认为是基本封锁）。封锁的对象可以是表，也可以是记录。

（四）死锁

封锁的目的是避免干扰，但如果封锁不当，则会出现另外的问题——死锁。死锁产生的结果可能会使两个事务无限期地等下去。如果人们或系统不能察觉死锁或解决死锁问题，可能会认为系统出错或死机，这在实际应用中是绝对不允许的。

1. 避免死锁

为了避免死锁，一般可以采取如下方式。

(1) 相同顺序法，即所有的用户程序约定都按相同的顺序来封锁表。

(2) 一次封锁法，即为了完成一个事务，一次性封锁所需要的全部表。

避免死锁还可以使用两阶段封锁协议。所谓两阶段封锁协议，就是所有事务都必须将对数据的封锁分为两个阶段：第一阶段称为扩展阶段，这一阶段获得各种类型的封锁，但不能释放任何封锁；第二阶段称为收缩阶段，这一阶段释放各种类型的封锁，一旦开始释放封锁，则不能再申请任何类型的封锁。

注意两阶段封锁协议和一次封锁法的异同之处。一次封锁法遵守两阶段封锁协议，但两阶段封锁协议并不要求一次封锁所有需要封锁的数据。两阶段封锁协议仍有可能发生死锁。

2. 发现死锁

百密一疏，很难保证在数据库上可以完全避免死锁。系统自动发现死锁并解决死锁的方法如下。

比较简单的方法是超时法，即一个事务在等待的时间超过了规定的时限后就认为发生了死锁。这种方法非常不可靠，如果设置的等待时限长，则不能及时发现死锁；如果设置的等待时限短，则可能会将没有发生死锁的事务误判为死锁。

另一个有效方法是等待图法，即通过有向图判定事务是否可串行化的，如果是则说明没有发生死锁，否则说明发生了死锁。等待图法的具体思路是，用节点来表示正在运行的事务，用有向边来表示事务之间的等待关系。

3. 解决死锁

发现死锁后解决死锁的策略之一是自动使“年轻”的事务 (完成工作量少的事务) 先退回去，然后让“年老”的事务 (完成工作量多的事务) 先执行，等“年老”的事务完成并释放封锁后，“年轻”的事务再重新执行。

第九章　数据库操作与安全系统

数据库广泛应用在各行业中，发挥着重要的作用，但由于操作和管理等因素的影响，数据库安全受到极大的威胁。本章主要论述数据库基础操作、数据库的备份与恢复、数据库的创新技术方向、数据库的安全性与完整性。

第一节　数据库的基础操作

一、SQLServer 数据库

SQLServer2008 是一个重大的产品版本，它推出了许多新的特性和关键的改进，下面以 2008 版本为例，研究 SQLServer 数据库。

(一) 系统数据库

系统数据库主要用于存放 SQLServer2008 的系统信息，这些信息是 SQL-Server 2008 管理数据库的依据。如果系统数据库遭到破坏，SQLServer -2008 系统将不能正常启动。在安装 SQLServer2008 时，系统将创建四个可见的系统数据库，具体如下。

1. master

master 数据库是重要的系统数据库，它记录了 SQLServer 系统中所有系统级的信息，包括服务器配置信息、登录账户信息、数据库文件信息、SQL-Server 初始化信息等，是系统的关键性所在，所以一旦受到破坏，可能会导致整个系统瘫痪。

2. model

model 数据库是所有用户数据库和 tempdb 数据库的创建模板。当创建数据库时，系统会将 model 数据库中的内容复制到新建的数据库中去，由此可见，利用 model 数据库的模板特性，通过更改 model 数据库的设置，并将时常使用的数据库对象复制到 model 数据库中，可以简化数据库及其对象的创建和设置工作，为用户节省大量的时间。

3. msdb

msdb 数据库供 SQLServer2008 代理程序调度警报作业以及记录操作时使用。在很多用户使用一个数据库时，经常会出现多个用户对同一个数据进行修改而造成数据不一致的现象，或是用户对某些数据和对象进行了非法操作等。为了防止上述现象的发生，SQLServer 中有一套代理程序能够按照系统管理员的设定监控因多个用户对同一个数据进行修改而造成数据不一致的现象发生，及时向系统管理员发出警报。当实施代理程序调度警报作业和记录操作时，系统要用到或实时产生许多相关信息，这些信息一般存储在 msdb 数据库中。

4. tempdb

tempdb 数据库保存所有的临时性表和临时存储过程。当退出 SQL -Server 时，用户在 tempdb 数据库中建立的所有对象都将被删除。每次启动 SQL-Server 时，系统都会自动将 model 数据库复制到 tempdb 数据库，并清除 tempdb 中原来的内容。

(二) 用户数据库

SQLServer2008 系统为初学者配备了示例数据库 Adventure Works，它不是系统数据库，而是一个联机事务处理系统（OLTP）示例数据库。该数据库存储了某个制造公司的业务数据，示意了制造、销售、采购、产品管理、合同管理和人力资源管理等场景。用户可以利用该数据库来学习 SQLServer 的操作，也可以模仿该数据库的结构设计自己的数据库。

二、数据库文件与文件组

在 SQLServer 中，数据库由数据文件和日志文件组成。数据文件包含数据库对象，如表、索引、视图和存储过程等。日志文件包含恢复数据库中的所有事务所需的信息。为了便于分配和管理，可以将数据文件集合起来，放到文件组中。

(一) 数据库文件

每一个数据库至少应包含一个数据文件和日志文件，也可以有辅助数据文件。因此，在 SQLServer2008 数据库中可以使用以下类型的文件来存储信息：

1. 日志文件

日志文件用于保存恢复数据库所需要的所有信息。当数据库损坏时，管理员可以使用日志文件恢复数据库。每一个数据库必须至少拥有一个日志文件，而且允许拥有多个日志文件。日志文件的扩展名为 .ldf。

2. 主数据文件

主数据文件包含数据库的启动信息，并指向数据库中的其他文件。所有系统对象都存储在主数据文件中，如果不创建辅助数据文件，所有用户对象（用户创建的数据库）也都存储在主数据文件中。每个数据库只能有一个主数据文件，默认扩展名为 .mdf。

3. 辅助数据文件

辅助数据文件简称辅助文件，用来存储未包括在主数据文件内的其他数据。辅助文件是可选的，根据具体情况，可以创建多个辅助文件，也可以不使用辅助文件。一般当数据库很大时，有可能需要创建多个辅助文件；而当数据库较小时，则只需要创建主数据文件，不需要创建辅助文件。辅助数据文件的扩展名为 .ndf。

(二) 数据库文件组

为了帮助数据布局和管理任务，SQLServer2008 允许用户将多个文件划分为一个文件集合，并为这一文件集合命名。这些文件可以在不同的磁盘上，这就是文件组。文件组是数据库中数据文件的逻辑组合。数据库文件组主要有以下类型：

第一，主要文件组。主要文件组是包含主要文件的文件组。所有系统表都被分配到主要文件组中，一个数据库有一个主要文件组。

第二，用户定义文件组。用户定义文件组是用户首次创建数据库时或修改数据库时定义的，目的是进行数据分配，提高表的读写效率。

第三，默认文件组。每个数据库中均有一个文件组被指定为默认文件组。如果在数据库中创建对象时没有指定对象所属的文件组，对象将被分配给默认文件组。任何时候，都只能将一个文件组指定为默认文件组。创建数据库后，包含主要文件的文件组即主要文件组就被指定为默认文件组。

创建与使用文件组还需要遵守规则，主要包括：(1) 主要数据文件必须存储于主文件组中；(2) 与系统相关的数据库对象必须存储于主文件组中；(3) 一个数据文件只能存于一个文件组中，不能同时存于多个文件组中；(4) 日志文件是独立的，数据库的数据信息和日志信息不能放在同一个文件组中，而必须是分开存放的；(5) 日志文件不能存放在任何文件组中。

三、数据库的准备

数据库文件包括数据文件和事务日志文件，而且每个文件都由大小限定的文件增长的增量指定，因此，在创建数据库之前，需要对即将创建的数据库进行规划，选择适当的数据库名称、数据库的大小和增幅等。

创建数据库时，复制系统数据库的 model 数据库中的内容来创建数据库的第一部分，然后用空页填充新数据库的剩余部分。

在规划数据库时，通常需要考虑的问题包括：(1) 数据库名称、数据库所有者；(2) SQLServer2008 名称的命名规则：名称的长度在 1 ~ 128 个字符之间，名称必须以字母或 _、@ 和 # 中的任意字符开头，不能以数字或 $ 开头，名称中不能包含空格，也不能包含 SQLServer2008 的保留字；(3) 数据文件和事务日志文件的逻辑名、文件的存储地址、文件初始大小、增长方式和最大容量等；(4) 数据库的用户数量和用户权限；(5) 数据库大小与硬件配置的平衡、是否使用文件组；(6) 数据库的备份与恢复。

第二节　数据库的备份与恢复

在计算机数据库使用过程中，经常会出现数据损坏、资料遗失等情况，此类现象在计算机数据库中属于严重安全问题，若出现此类问题，便会对人们日常生产与生活造成严重影响，若想为计算机数据库安全性与可靠性提供保障，便需加大对备份方式与恢复技术的重视力度。[①]

一、数据库的备份

(一) 数据库备份的设备

进行数据库备份，通常需要先生成备份设备，如果不生成备份设备，就需要直接将数据备份到物理设备上。在 SQLServer Management Studio 中生成备份设备可以在数据库备份的集成环境下同时进行，也可以单独进行。

在服务器实例中，右击 [服务器对象] 节点，从弹出的快捷菜单中选择 [新建备份设备] 命令，打开 [备份设备] 对话框，在 [备份设备] 对话框中可以设置设备名称和文件存储位置。

SQLServer2008 使用物理设备名或逻辑设备名标识备份设备。物理备份设备指操作系统所标识的磁盘文件、磁带等。逻辑备份设备名用来标识物理备份设备的别名或公用名称。逻辑设备名存储在 master 数据库的 sysdevices 系统表中。使用逻辑备份设备名的优点是比引用物理设备名简短。在使用 SQL 语句方式进行数据库备份时，同样可以直接备份到物理设备，或先创建备份设备后再以该设备的逻辑名进行备份。

(二) 使用 SQL 语句备份数据库

使用 SQL 语句备份数据库，有两种方式：(1) 先将一个物理设备创建成一个备份设备，然后将数据库备份到该备份设备上；(2) 直接将数据库备份到物理设备上。

第一，先使用 sp_addumpdevice 创建备份设备，然后再使用 BACKUP DATABASE 备份数据库。

第二，创建备份设备的语法格式包括：sp_addumpdevice “设备类型”，“逻辑名”，“物理名”。备份设备的类型，如果是以硬盘作为备份设备，则为“disk”；逻辑名是备份设备的逻辑名称；备份设备的物理名称，必须包括完整的路径。

第三，备份数据库的语法格式如下。

① 向桂玲 . 计算机数据库备份方式以及恢复技术研究 [J]. 信息记录材料，2022(5)：160.

BACKUPDATABASE 数据库名

TO 备份设备（逻辑名）

[WITH[NAME='备份的名称][，INIT | NOINIT]]

各参数含义包括：(1) 备份设备，由 sp_addumpdevice 创建的备份设备的逻辑名称，不要加引号；(2) 备份的名称，生成的备份包的名称；(3) INIT，表示新的备份数据将覆盖备份设备上原来的备份数据；(4) NOINIT，表示新备份的数据将追加到备份设备上已备份数据的后面。

第四，直接将数据库备份到物理设备上的语法格式如下。

BACKUPDATABASE 数据库名

TO 备份设备（物理名）

[WITH[NAME='备份的名称'][，INIT | NOINT]]

其中，备份设备是物理备份设备的操作系统标识。

第五，对于事务日志备份，采用如下语法格式。

BACKUPLOG 数据库名

TO 备份设备（逻辑名 | 物理名）

[WITH[NAME='备份的名称'][，INIT | NOINIT]]

第六，对于文件和文件组备份，则采用如下语法格式。

BACKUPDATABASE 数据库名

FILE='数据库文件的逻辑名' | IFILEGROUP='数据库文件组的逻辑名’TO 备份设备（逻辑名 | 物理名）

（三）使用 SQLServer Management Studio 备份数据库

使用 SQLServer Management Studio 创建“实例数据库”备份，操作步骤如下。

第一，在对象资源管理器下依次展开文件夹到要备份的 [实例数据库]。

第二，右击 [实例数据库]，在弹出的快捷菜单中选择 [任务] | [备份] 命令。

第三，[名称] 文本框内默认为 [实例数据库 - 完整数据库备份]，如果需要，在 [说明] 文本框中输入对备份集的说明。默认没有任何说明。

第四，在 [备份类型] 选项下选择备份的方式。其中，[完整] 执行完整的数据库备份；[差异] 仅备份自上次完整备份以后，数据库中新修改的数据；[事务日志] 仅备份事务日志。在 [备份组件] 选项下选择备份内容，可以是备份 [数据库] 或 [文件和文件组]。

第五，指定备份目标。在 [目标] 区域中单击 [添加] 按钮，并在 [选择备份目标] 对话框中，指定一个备份文件名或备份设备。这个指定将出现在对话框中 [备份到:] 下面的列表框中。在一次备份操作中，可以指定多个目的设备或文件。这样可以将一个数据库备份到多个文件或设备中。这里指定的文件名是物理备份设备，而备份设备名是逻辑备份设备。如果系统中没有备份设备，则需新建一个备份设备。

第六，打开 [备份数据库] 对话框的 [选项] 选项页，用户可以对数据库备份进行设置，包括覆盖媒体、可靠性、事务日志等。

第七，在 [备份到现有媒体集] 里，[追加现有备份集] 或 [覆盖所有现有备份集] 分别表示将此次备份数据追加到原有备份数据后面或覆盖原有备份数据。如果需要可以选择 [检查媒体集名称和备份集过期时间] 复选框来要求备份操作验证备份集的名称和过期时间，在 [媒体集名称] 文本框里可以输入要验证的媒体集名称。

第八，若选择 [备份到新媒体集并清除现有备份集]，则在 [新建媒体集名称] 文本框输入新媒体集名称，在 [新建媒体集说明] 文本框输入新媒体集的相关说明。

第九，设置数据库备份的可靠性。选择 [完成后验证备份] 复选框将会验证备份集是否完整以及所有卷是否都可读。选择 [写入媒体前检查校验和] 复选框将会在写入备份媒体前验证校验和，如果选中此项，可能会增大工作负荷，并降低备份操作的备份吞吐量。在选中 [写入媒体前检查校验和] 复选框后会激活 [出错时继续] 复选框，选中该复选框后，如果备份数据库时发生了错误，还将继续进行。

第十，如果在对话框中的 [备份类型] 下拉列表框里选择 [事务日志]，那么在此将激活 [事务日志] 区域，在该区域中，如果选择 [截断事务日志] 单选框，则会备份事务日志并将其截断，以便释放更多的日志空间，此时数据库处于在线状态。如果选择 [备份日志尾部，并使数据库处于还原状态] 单选框，则会备份日志尾部并使数据库处于还原状态，该项创建尾部日志备份，用于备份尚未备份的日志，当故障转移到辅助数据库或为了防止在还原操作之前丢失所做的工作，该选项很有作用。选择了该项之后，在数据库完全还原之前，用户将无法使用数据库。

第十一，设置磁带机信息。可以选择 [备份后卸载磁带] 和 [卸载前倒带] 两个选择项。

第十二，单击 [备份数据库 - 实例数据库] 对话框里的 [确定] 按钮，开始执行备份操作，此时会出现相应的提示信息。单击 [确定] 按钮，完成数据库备份。

二、数据库的恢复

(一) 数据库恢复的准备工作

第一，验证备份文件的有效性。通过对象资源管理器，可以查看备份设备的属性。右击相应的备份设备，在弹出的快捷菜单中选择 [属性] 命令，在 [备份设备] 属性对话框的 [媒体内容] 选项页中，即可查看相应备份设备上备份集的信息，如备份时的备份名称、备份类型、备份的数据库、备份时间、过期时间等。

第二，断开用户与数据库的连接。恢复数据库之前，应当断开用户与该数据库的所有连接。所有用户都不准访问该数据库，执行恢复操作的用户也必须将连接的数据库更改到 master 数据库或其他数据库，否则不能启动还原任务。

第三，备份事务日志。用户在执行恢复操作之前备份事务日志，有助于保证数据的完整性，在数据库还原后可以使用备份的事务日志，恢复数据库的最新操作。

(二) 使用 SQL 语句恢复数据库

和在 SQLServer ManagementStudio 下恢复数据库一样，使用 SQL 语句也可以完成对整个数据库、部分数据库和日志文件的还原。

1. 恢复数据库

恢复完整备份数据库和差异备份数据库的语法格式如下。

RESTORE DATABASE 数据库名 FROM 备份设备

[WITH[FILE=n][，NORECOVERY | RECOVERY][，REPLACE]]

各含义如下。

(1) 备份设备。和备份数据库时一样，备份设备可以是物理设备或逻辑设备。如果备份设备是物理备份设备的操作系统标识，则采用“备份设备类型 = 操作系统设备标识”的形式。

(2) FILE=n。定义从设备上的第几个备份中恢复。

(3) RECOVERY。表示在数据库恢复完成后 SQLServer2008 回滚被恢复的数据库中所有未完成的事务，以保持数据库的一致性。恢复完成后，用户就可以访问数据库了。RECOVERY 选项用于最后一个备份的还原。如果使用 NORECOVERY 选项，那么 SQLServer2008 不回滚被恢复的数据库中所有未完成的事务，恢复后用户不能访问数据库。所以，进行数据库还原时，应使用 NORECOVERY 选项，最后有一个还原使用 RECOVERY 选项。

(4) REPLACE。表示要创建一个新的数据库，并将备份还原到这个新的数据库，如果服务器上存在一个同名的数据库，则原来的数据库被删除。

2. 恢复事务日志

恢复事务日志采用下面的语法格式。

RESTORE LOG 数据库名

FROM 备份设备

[WITH[FILE=n][，NORECOVERY | RECOVERY]]

其中各选项的意义与恢复数据库中的相同。

3. 恢复文件或文件组

与文件和文件组备份相对应，SQLServer2008 也提供对指定文件和文件组的还原功能，其语法格式如下。

RESTOREDATABASE 数据库名

FILE= 文件名 | FILEGROUP= 文件组名

FROM 备份设备

[WITH[FILE=n][，NORECOVERY][，REPLACEJ]]

(三) 使用 SQLServer ManagementStudio 恢复数据库

备份的数据库恢复到当前数据库中，操作步骤如下。

第一，在 [对象资源管理器] 中依次展开文件夹到要恢复的当前数据库 [实例数据库]。

第二，右击 [实例数据库]，在弹出的快捷菜单中依次选择 [任务] | [还原] | [数据库] 命令。

第三，出现 [还原数据库 - 实例数据库] 对话框。在 [目标数据库] 下拉列表中选择要还原的目标数据库（如果要将数据库恢复为一个新的数据库，可输入新的数据库名称）；在 [目标时间点] 文本框里可以设置还原的时间，对于完全恢复数据库备份，只能恢复到完整备份完成的时间点；在 [源数据库] 下拉列表中选择已执行备份的数据库；在 [选择用于还原的备份集] 区域选择该数据库已有的备份集。

第四，选择 [还原数据库 - 实例数据库] 对话框的 [选项] 页。在 [还原选项] 里可以对还原操作进行设置：

"覆盖现有数据库"：还原操作将覆盖所有现有数据库和相关文件。

"保留复制设置"：将已发布的数据库还原到创建该数据库的服务器之外的服务器时，保留复制设置。

"还原每个备份之前进行提示"。还原每个备份设备前都会要求确认一次。

"限制访问还原的数据库"。还原的数据库仅供 dh_owner、dbcreator 或 sysadmin 的成员使用。

第五，在 [恢复状态] 选项中可以选择还原操作的完成状态，用户可以根据实际情况进行选择。

"回滚未提交的事务，使数据库处于可以使用状态。无法还原其他事务日志"。恢复完成后数据库能够继续运行，但无法再还原其他事务日志，如果本次还原是还原的最后一次操作，则可以选择该项。

"不对数据库执行任何操作，不回滚未提交的事务。可以还原其他事务日志"。恢复完成后数据库不能再运行，但可以继续还原其他事务日志，让数据库能恢复到最接近目前的状态。

"使数据库处于只读模式。撤销未提交的事务，但将撤销操作保存在备用文件中，以便可以恢复效果逆转”。恢复完成后数据库自动成为只读方式，不能对其进行修改，但能还原其他事务日志。

第六，单击 [确定] 按钮，开始还原操作。

第三节 数据库的创新技术方向

一、数据模型的发展

(一) 物理层

物理层是数据抽象的最低层，用来描述数据物理存储结构和存储方法。例如，一个数据库中数据和索引是存放在不同的数据段上还是同一数据段中，数据的物理记录格式是变长的还是定长的，数据是压缩还是非压缩的，索引结构是 B+ 树还是 HASH 结构等。这一层的数据抽象称为物理数据模型，它不但由数据库管理系统（DBMS）的设计决定，而且与操作系统、计算机硬件密切相关。物理数据结构一般都向用户隐蔽，用户不必了解其细节。

(二) 逻辑层

逻辑层是数据抽象的中间层，描述数据库数据整体的逻辑结构。这一层的数据抽象称为逻辑数据模型（简称数据模型）。它是用户通过数据库管理系统看到的现实世界，是数据的系统表示。因此，它既要考虑用户容易理解，又要考虑便于 DBMS 实现。不同的 DBMS 提供不同的逻辑数据模型，传统的数据模型有层次、网状、关系模型，非传统的数据模型有面向对象数据模型（简称 OO 模型）。

(三) 概念层

概念层次的数据模型称为概念数据模型，简称概念模型。

概念模型离机器最远，从机器立场看是抽象级别的最高层。目的是按用户的观点来对世界建模，因此它应该包括：(1) 语义表达能力强，能够方便、直接地表达各种语义；（2）易于用户理解，概念模型是用户与数据库设计人员之间交流的语言，用户一般缺乏计算机知识，因此概念模型应当简单、清晰、易于用户理解；（3）独立于任何 DBMS；（4）容易向 DBMS 所支持的逻辑数据模型转换。

概念模型最具有代表性的例子是实体—联系模型（简称 ER 模型）。

数据库的发展集中表现在数据模型的发展。从最初的层次、网状数据模型发展到关系数据模型，数据库技术产生了巨大的飞跃。关系模型的提出是数据库发展史上具有划时代意义的重大事件。然而，20 世纪 80 年代，随着数据库应用领域对数据库需求的增多，传统的关系数据模型开始暴露出许多弱点。

为了使数据库用户能够直接以他们对客观世界的认识方式来表达他们所要描述的世界，人们提出并发展了许多新的数据模型。这些尝试是沿着以下方向进行的：

1. 面向对象的数据模型

将语义数据模型和 OO 程序设计方法结合起来提出了面向对象的数据模型。面向对象的数据模型吸收了面向对象程序设计方法学的核心概念和基本思想。一个面向对象数据模型是用面向对象观点来描述现实世界实体（对象）的逻辑组织、对象间限制、联系等的模型。一系列面向对象核心概念构成了面向对象数据模型的基础。

2. 对传统的关系模型进行扩充

引入了少数构造器，使它能表达比较复杂的数据类型，增强其结构建模能力，这样的数据模型称为复杂数据模型。按照它们进行扩充的侧重点，复杂数据模型可分以下类型：

（1）偏重结构的扩充。先出现的这类模型是嵌套关系模型（NF2）。它能表达“表中表”，并且表中的一个域可以是一个函数（称为虚域）。

（2）侧重语义的扩充。它支持关系之间的继承，也支持在关系上定义函数和运算符。但关系的结构仍然是一张平面表。“表中表”只能通过关系上定义的函数来模拟。

总的来说，在复杂数据模型和支持它们的数据库系统里，客观世界中的每一个实体都用一个元组和它的码（KEY）来表示。不支持太多的语义关联，不区分类和型。

这种数据模型和数据库系统的主要缺点是不能保证客观世界中实体的确定性；实体的引用只能通过码和数据冗余来达到。其主要优点是支持这类模型的系统实现起来相对比较容易。

3. 全新的数据构造器和数据处理原语

全新的数据构造器和数据处理原语，以表达复杂的结构和丰富的语义。这类模型常常统称为语义数据模型，它们的特点是引入了丰富的语义关联（如 ISA、ISP），能更自然、更恰当地表达客观世界中实体间的联系。加上丰富的结构构造器（如 TUPLE、LIST、SET 等），因此它们具有很强的结构表达能力。

它们比较复杂，在程序设计语言和技术方面没有相应的支持，计算机硬件也没有发展到一定的程度，因此，它们都没有在数据库系统实现方面有重大的突破，至多被当作数据库设计中概念建模的一种工具。

二、数据库技术与其他技术相结合

数据库技术与其他学科的内容相结合，是新一代数据库技术的一个显著特征，涌现出各种新型的数据库系统，具体如下。

第一，数据库技术与分布处理技术相结合，出现了分布式数据库系统。

第二，数据库技术与并行处理技术相结合，出现了并行数据库系统。

第三，数据库技术与人工智能相结合，出现了演绎数据库系统、知识库和主动数据库系统。

第四，数据库技术与多媒体处理技术相结合，出现了多媒体数据库系统。

第五，数据库技术与模糊技术相结合，出现了模糊数据库系统。

（一）知识库系统

知识库是知识工程中结构化、易操作、易利用、全面有组织的知识集群，是针对某一（或某些）领域问题求解的需要，采用某种（或若干）知识表示方式在计算机存储器中存储、组织、管理和使用的互相联系的知识片集合。这些知识片包括与领域相关的理论知识、事实数据，由专家经验得到的启发式知识，如某领域内有关的定义、定理和运算法则以及常识性知识等。

知识是人类智慧的结晶。知识库使基于知识的系统（或专家系统）具有智能性。并不是所有具有智能的程序都拥有知识库，只有基于知识的系统才拥有知识库。现在许多应用程序都利用知识，其中有的还达到了很高的水平。但是，这些应用程序可能并不是基于知识的系统，它们也不拥有知识库。一般的应用程序与基于知识的系统之间的区别在于：一般的应用程序是把问题求解的知识隐含地编码在程序中，而基于知识的系统将应用领域的问题求解知识显式地表达，并单独地组成一个相对独立的程序实体。

知识库的特点如下：

第一，知识库中的知识根据它们的应用领域特征、背景特征（获取时的背景信息）、使用特征、属性特征等而被构成便于利用的、有结构的组织形式。知识片一般是模块化的。

第二，知识库的知识是有层次的。最低层是“事实知识”，中间层是用来控制“事实”的知识（通常用规则、过程等表示）；最高层是“策略”，它以中间层知识为控制对象。策略也常常被认为是规则的规则。因此，知识库的基本结构是层次结构，是由知识本身的特性所确定的。在知识库中，知识片间通常都存在相互依赖关系。规则是典型、常用的一种知识片。

第三，知识库中可有一种不只属于某一层次（或者说在任一层次都存在）的特殊形式的知识——可信度（或称信任度、置信测度等）。对某一问题，有关事实、规则和策略都可标以可信度。这样，就形成了增广知识库。在数据库中不存在不确定性度量，因为在数据库的处理中一切都属于“确定型”的。

第四，知识库中还可存在一个通常被称为典型方法库的特殊部分。如果对于某些问题的解决途径是肯定和必然的，就可以把其作为一部分相当肯定的问题解决途径直接存储在典型方法库中。这种宏观的存储将构成知识库的另一部分。在使用这部分时，机器推理将只限于选用典型方法库中的某一层体部分。

另外，知识库也可以在分布式网络上实现。这样，就需要建造分布式知识库。建造分布式知识库的优越性主要包括：（1）可在较低价格下构造较大的知识库；（2）不同层次或不同领域的知识库对应的问题求解任务相对来说比较单纯，因而可以构成较高效的系统；(3) 可适用于地域辽阔的地理分布。

知识库的构造必须使得其中的知识在被使用的过程中能够有效地存取和搜索，库中的知识能方便地修改和编辑。同时，对库中知识的一致性和完备性能进行检验。

(二) 主动数据库

主动数据库是相对于传统数据库的被动性而言的。许多实际的应用领域，如计算机集成制造系统、管理信息系统、办公室自动化系统中常常希望数据库系统在紧急情况下能根据数据库的当前状态，主动适时地做出反应，执行某些操作，向用户提供有关信息。

主动数据库通常采用的方法是在传统数据库系统中嵌入 ECA（事件—条件—动作）规则，在某一事件发生时引发数据库管理系统去检测数据库当前状态，看是否满足设定的条件，若条件满足，便触发规定动作的执行。

为了有效地支持 ECA 规则，主动数据库的研究主要集中于解决以下问题。

第一，主动数据库的数据模型和知识模型。即如何扩充传统的数据库模型，使之适应于主动数据库的要求。

第二，执行模型。执行模型即 ECA 规则的处理和执行方式，是对传统数据库系统事务模型的发展和扩充。

第三，条件检测。条件检测是主动数据库系统实现的关键技术之一，由于条件的复杂性，如何高效地对条件求值对提高系统效率有很大的影响。

第四，事务调度。与传统数据库系统中的数据调度不同，它不仅要满足并发环境下的可串行化要求而且要满足对事务时间方面的要求。目前，对执行时间估计的代价模型是有待解决的难题。

第五，体系结构。目前，主动数据库的体系结构大多是在传统数据库管理系统的基础上，扩充事务管理部件和对象管理部件以支持执行模型和知识模型，并增加事件侦测部件、条件检测部件和规则管理部件。

第六，系统效率。系统效率是主动数据库研究中的一个重要问题，是设计各种算法和选择体系结构时应主要考虑的设计目标。

（三）多媒体数据库

媒体是信息的载体。多媒体是指多种媒体，如数字、正文、图形、图像和声音的有机集成，而不是简单地组合。其中数字、字符等称为格式化数据，文本、图形、图像、声音、视频等称为非格式化数据。非格式化数据具有数据量大、处理复杂等特点。多媒体数据库实现对格式化和非格式化的多媒体数据的存储、管理和查询，其主要特征如下：

1. 能表示多种媒体的数据

非格式化数据表示起来比较复杂，需要根据多媒体系统的特点来决定表示方法。如果感兴趣的是它的内部结构且主要是根据其内部特定成分来检索，则可把它按一定算法映射成包含它所有子部分的一张结构表，然后用格式化的表结构来表示它；如果感兴趣的是它本身的内容整体，要检索的也是它的整体，则可以用源数据文件来表示它，文件由文件名来标记和检索。

2. 能协调处理各种媒体数据

正确识别各种媒体数据之间在空间或时间上的关联。例如，关于乐器的多媒体数据包括乐器特性的描述、乐器的照片、利用该乐器演奏某段音乐的声音等，这些不同媒体数据之间存在着自然的关联，如多媒体对象在表达时必须保证时间上的同步特性。

（四）并行数据库系统

近年来，数据库系统的应用已经从商业数据处理迅速拓展到诸如超大型数据检索、数据仓库、联机数据分析、数据挖掘以及高吞吐量 OLTP 等许多应用领域。这些应用领域的特点是数据量大、复杂度高、用户数目多，对数据库系统的处理能力提出了非常高的要求，这些应用需求直接驱动了新一代高性能数据库——并行数据库系统的研制。

并行数据库系统试图通过充分利用通用并行计算机的处理机、磁盘等硬件设备的并行数据处理能力来提高数据库系统的性能。并行数据库系统和目标包括：(1) 高性能；(2) 高可用性；(3) 可扩充性。

(五) 分布式数据库系统

随着地理上分散的用户对数据库共享的要求，结合计算机网络技术的发展，在传统的集中式数据库系统基础上产生和发展了分布式数据库系统。分布式数据库应具有以下特点。

第一，数据的物理分布性。数据库中的数据不是集中存储在一个场地的一台计算机上，而是分布在不同场地的多台计算机上。它不同于通过计算机网络共享的集中式数据库系统。

第二，数据的逻辑整体性。数据库虽然是在物理上是分布的，但这些数据并不是互不相关的，它们在逻辑上是相互联系的整体。它不同于通过计算机网络互连的多个独立的数据库系统。

第三，场地自治和协调。系统中的每个节点都具有独立性，能执行局部的应用请求；每个节点又是整个系统的一部分，可通过网络处理全局的应用请求。

第四，数据的冗余及冗余透明性。与集中式数据库不同，分布式数据库中应存在适当冗余以适合分布处理的特点，提高系统处理效率和可靠性。因此，数据复制技术是分布式数据库的重要技术。但分布式数据库中的这种数据冗余对用户是透明的，即用户不必知道冗余数据的存在，维护各副本的一致性也由系统来负责。

第四节　数据库的安全性与完整性

一、数据库的安全性

(一) 数据库安全性的主要内容

数据库的安全性是指保护数据库，以防止非法使用所造成数据的泄露、更改或破坏。安全性问题不是数据库系统所特有的，它包括以下方面。

第一，法律、社会和伦理方面。例如，请求查询信息的人是否有合法的权力。

第二，物理控制方面。例如，计算机机房或终端是否应该加锁或用其他方法加以保护。

第三，政策方面。例如，确定存取原则，允许哪些用户存取哪些数据。

第四，运行与技术方面。例如，使用口令时，如何使口令保持秘密。

第五，硬件控制方面。CPU 是否提供任何安全性方面的保护，诸如存储保护键或特权工作方式。

第六，操作系统安全性方面。在主存储器和数据文件用过以后，操作系统是否把它们的内容清除。

第七，数据库系统本身安全性方面。

当用户登录操作系统时，系统首先根据用户标识进行鉴定，只允许合法用户登录。已登录系统的用户，DBMS 还要进行存取权限控制，只允许用户进行合法操作。操作系统一级也会有自己的保护措施。数据最后还可以以密码形式存储到数据库中。

(二) 数据安全性控制的方法

安全性控制是指要尽可能地杜绝所有可能的数据库非法访问。用户非法使用数据库可以有很多种情况。例如，编写合法的程序绕过 DBMS 授权机制，通过操作系统直接存取、修改或备份有关数据。用户访问非法数据，无论他们是有意的还是无意的，都应该加以严格控制，因此，系统还要考虑数据信息的流动问题并加以控制，否则有潜在的危险性。这是因为，数据的流动可能使无权访问的用户获得访问权力。

1. 视图机制

为不同的用户定义不同的视图，可以限制各个用户的访问范围。通过视图机制把要保密的数据对无权存取这些数据的用户隐藏起来，从而自动地对数据提供一定程度的安全保护。

2. 用户标识和鉴别

数据库系统是不允许一个未经授权的用户对数据库进行操作的。用户标识和鉴定是系统提供的最外层的安全保护措施，其方法是由系统提供一定的方式由用户标识自己的名字或身份，系统内部记录着所有合法用户的标识，每次用户要求进入系统时，都由系统进行核实，通过鉴定后才提供数据库的使用权。

3. 用户存取权限控制

在数据库系统中，每个用户都只能访问他有权存取的数据并执行有权使用的操作。因此，必须预先定义用户的存取权限。对于合法的用户，系统根据其存取权限的定义对其各种操作请求进行控制，确保其合法操作。存取控制机制主要包括以下部分。

(1) 定义用户权限。用户存取权限指的是不同的用户对于不同的数据对象允许执行的操作权限，系统将用户存取权限登记在数据字典中。定义用户存取权限称为授权，存取权限由两个要素组成：数据对象和操作类型。定义一个用户的存取权限就是定义这个用户可以在哪些数据对象上进行哪些类型的操作。

在数据库系统中，授权有两种：系统权限和对象权限。系统权限是由 DBA 授予某些数据库用户的，只有得到系统权限才能成为数据库用户，对象权限可以由 DBA 授予，也可以由数据对象的创建者授予，使数据库用户具有对某些数据对象进行某些操作的权限。在系统初始化时，系统中至少有一个具有 DBA 权限的用户，DBA 可以通过 GRANT 语句将系统权限或对象权限授予其他用户。对于已授权的用户可以通过 REVOKE 语句收回所授予的权限。

(2) 合法权限检查。当用户发出存取数据库的操作请求后，DBMS 查找数据字典，根据安全规则进行合法权限检查，若用户的操作请求超出了定义的权限，系统将拒绝执行此操作。当前，DBMS 一般采用以下访问控制策略。

①自主存取控制方法。自主存取控制方法是指用户可以按照自己的意愿对系统参数做适当的调整，以决定哪些用户可以访问他们的资源。在该方法中，用户对信息的控制基于对用户的鉴别和访问规则的确定。用户对不同的数据库对象有不同的存取权限，不同用户对同一对象也有不同的权限。自主存取控制方法非常灵活。

②强制存取控制。强制存取控制方法是指按照 TDI/TCSEC 标准中安全策略的要求，为保证更高程度的安全性所采取的强制存取检查手段。用户不能直接感知或进行控制。强制存取控制为系统中的每个主体（系统中的活

动实体，包括用户和代表用户的各进程）和客体（受主体操纵的，包括文件、基本表、视图等）标出不同的敏感度标记。主体的敏感度标记称为许可证级别，客体的敏感度标记称为密级。强制存取控制就是通过对比主体和客体的敏感度标记，最终确定主体是否能够存取客体。

4. 数据加密

前面三种数据库安全措施都是防止从数据库系统窃取保密数据，而不能防止通过不正常渠道非法访问数据。例如，盗取存储数据的磁盘，或在通信线路上窃取数据。为了防止这些窃密活动，比较好的办法是对数据加密。数据加密是防止数据库中数据在存储和传输中失密的有效手段。加密的基本思想是根据一定的算法将原始数据加密成为不可直接识别的格式。数据以密码的形式存储和传输。

加密方法有两种：(1) 替换方法，该方法使用密钥将明文中的每一个字符转换为密文中的一个字符；(2) 转换方法，该方法将明文中的字符按不同的顺序重新排列。通常将这两种方法结合起来使用，这样就可以达到相当高的安全程度。

数据加密后，对于不知道解密算法的人，即使利用系统安全措施的漏洞非法访问数据，也只能看到一些无法辨认的二进制代码。合法的用户在检索数据时，先提供密码钥匙，由系统进行译码后，才能得到可识别的数据。虽然数据加密可以很好地保证数据的安全性，但加密和解密的过程会占用大量的系统资源，因此对于安全级别要求不高的数据一般不使用该方法。

二、数据库的完整性

数据库的完整性是指数据的正确性和相容性。数据的完整性是为了防止数据库中存在不符合语义的数据。数据库的完整性控制和检查的防范对象是不合语义、不正确的数据，防止它们进入数据库。数据库中的数据是否具备完整性关系到数据能否真实地反映现实世界。

(一) 完整性规则的构成

完整性规则是由数据库管理员向 DBMS 提出的有关数据约束的一组规则，用来检查数据库中的数据是否满足语义约束。数据库的完整性规则由以下三部分构成:(1) 触发条件：规定系统什么时候使用规则检查数据；(2) 约束条件：规定系统检查用户发出的操作请求违背了什么完整性约束条件；(3) 违约响应：规定系统如果发现用户的操作请求违背了完整性约束条件，应该采取什么动作来保证数据的完整性，即违约时要做的事情。

一条完整性规则可以形式化地定义为一个五元组（D，O，A，C，P）。其中，D（Data）代表约束作用的数据对象；O（Operation）代表触发完整性检查的数据库操作，当用户发出操作请求时需要检查该完整性规则；A（Assertion）代表数据对象必须满足的语义约束，这是规则的主体；C（Condition）代表选择 A 作用的数据对象值的谓词；P（Procedure）代表违反完整性规则时触发执行的操作过程。

如果数据库操作违反了实体完整性和用户定义完整性规则，系统一般采用拒绝执行的方式进行处理。如果违反了参照完整性规则，则系统一般在接受这个操作的同时，执行一些附加操作，以保证数据库的状态仍然是正确的。

数据库系统的整个完整性控制都是围绕着完整性约束条件进行的，从这个角度看，完整性约束条件是完整性控制机制的核心。

（二）完整性约束条件分类

1. 按约束执行时间分

完整性按约束执行时间可以分为立即执行约束和延迟执行约束。

(1) 立即执行约束。立即执行约束是指在执行用户事务过程中，某一条语句执行完成后，系统立即对此数据进行完整性约束条件检查。例如，插入数据时，检查主键值是否满足要求，某些属性上的值是否满足用户定义完整性约束等，这些都属于立即执行约束。

(2) 延迟执行约束。延迟执行约束是指在整个事务执行结束后，系统再对约束条件进行完整性检查，结果正确后才能提交。例如，银行数据库中，从账号 A 向账号 B 转账，从账号 A 转出钱后，账就不平了，必须等到钱转入账号 B 后，账才能重新平衡，这时才能进行完整性检查，这属于延迟执行约束。

2. 按约束对象的状态分

完整性约束按约束对象的状态可分为静态约束和动态约束。

（1）静态约束。静态约束是对数据库每一个确定状态所应满足的约束条件。

（2）动态约束。动态约束是数据库从一种状态转变为另一种状态时，新旧值之间所应满足的约束条件。

3. 按约束条件使用的对象分

按完整性约束条件使用的对象来分，可以把约束分为值的约束和结构约束。

（1）值的约束。值的约束是指对数据类型、数据格式、取值范围等的限制。例如，规定商品的编号为字符串数据类型，长度为 8；规定订货时间的数据格式为 YYYY. MM. DD；规定客户的关联方式不能为空值；规定订货的数量不能小于 5000 件等。

（2）结构约束。结构约束是指对数据之间联系的约束。数据库中同一关系不同属性之间，应满足一定的约束条件，同时，不同关系的属性之间也有联系，也应满足一定的约束条件。常见的结构约束如下。

第一，实体完整性约束。说明了关系主键的属性值必须唯一，其值不能为全空或部分为空。

第二，参照完整性约束。说明了不同关系的属性之间的约束条件，即外键的值必须在被参照关系的主键之中找到或取空值。

第三，用户定义完整性约束。按照实际需要定义的属性之间要满足的约束条件。

第四，函数依赖约束。说明了同一关系中不同属性之间应满足的约束条件。例如，不同的范式应满足不同的约束条件。大部分函数依赖约束都是隐含在关系模式结构中的，特别是规范化程度较高的关系模式，都是由模式来保持函数依赖的。

第五，统计约束。规定某个属性值与关系多个元组的统计值之间必须满足某种约束条件。例如，规定部门经理的奖金不能高于该部门的平均奖金的 50%，不得低于该部门的平均奖金的 20%。这里该部门平均奖金的值就是一个统计值。

第十章　大数据思维及其创新应用

大数据思维是一种发现信息、获取属性、洞悉关联和快速决策、预测事物发展并具有系统性和整体性特征的新型思维方式。本章主要探究数据科学与数据思维、大数据背景下现代企业财务管理、大数据时代公共图书馆创新发展、大数据时代旅游管理与规划设计。

第一节　数据科学与数据思维

一、数据科学

数据是描述事物的符号记录，是可定义为有意义的实体，它涉及事物的存在形式。进一步说，数据是关于事件的一组离散且客观的事实描述，是构成信息和知识的原始材料。数据可分为模拟数据和数字数据两大类。显然，数据是计算机处理的原始材料，图形、声音、文字、数值、字符和符号等都可以作为计算机的输入数据。

(一) 数据科学与信息化过程

1. 数据科学定义

对于数据的分析与处理，需要科学的、系统的理论与方法来指导，这个理论就是数据科学。数据科学通过系统性地研究数据的组织和应用，可以促进发现、改进关键决策过程。数据科学是研究数据的科学，研究数据界的理论、方法和技术，研究的对象是数据界中的数据。数据科学将数据作为一个自然体来研究，也就是脱离各个领域的物理世界。物理世界在网络空间中有其数据映象，研究数据界的规律其实就是通过研究来获得网络空间中共同的规律。

现代化技术的数据科学是一门新兴学科，包括研究如何利用数据学习知识，并挖掘有价值的数据生成数据产品等。[①]数据科学利用计算机的运算能力与存储能力对数据进行处理，从数据中提取信息，进而形成知识。数据科学主要有两个内涵：(1) 研究数据本身，研究数据的各种类型、状态、属性、变化形式和变化规律；(2) 为自然科学和社会科学研究提供一种新的方法，称为科学研究的数据方法，其目的是揭示自然界和人类行为现象及规律。数据科学已经直接影响了计算机视觉、信号处理、自然语言识别等计算机科学分支。而且数据科学已经在 IT、金融、医学、自动驾驶等领域得到广泛而强有力的应用。

2. 信息化过程

信息化过程是一个产生数据的过程，是将现实世界中的事物和现象以数据的形式存储到存储空间中。这些数据不仅是自然与生命的一种表示形式，而且这些数据还记录了人类的行为，包括工作、生活和社会发展。当前，各类型数据快速、大量地产生并存储在存储空间中，早期将这种现象称为数据爆炸，现在称为大数据。它需要研究和探索存储空间中数据的规律和现象，是探索宇宙的规律、探索生命的规律、寻找人类行为的规律、寻找社会发展的规律的一种重要手段。

(二) 数据科学研究内容

数据科学的研究内容包括基础理论研究、数据技术及其应用研究及数据科学的学科体系研究。数据科学学科建立，需要对知识结构、课程设置、专业设置等学科体系建设，探讨数据科学与自然科学和社会科学之间的关系，数据科学与计算机科学和信息科学之间的关系等。

1. 基础理论

观察和逻辑推理是科学的基础，数据自然界中观察方法与数据推理的理论和方法是主要的研究内容，主要包括数据的存在性、数据测度、时间、数据代数、数据相似性与簇论、数据分类等。

2. 实验与逻辑推理

需要建立数据科学的实验方法，需要提出科学假说和建立理论体系，

① 王爱胜 . 数据科学在信息技术教育中的体系梳理 [J]. 中国信息技术教育，2021(5)：5.

并通过这些实验方法和理论体系开展数据自然界的探索研究，从而掌握数据的各种类型、状态、属性、变化形式和变化规律，揭示自然界和人类行为现象和规律。提出的假说不能说明是错误的，但也不能说明是正确的，要通过证明和验证来说明正确性。

3. 专门领域数据学

将数据科学的理论和方法广泛应用，开发出专门的理论、技术和方法，从而形成专门领域的数据科学，如脑数据学、行为数据学、生物数据学、气象数据学、金融数据学、地理数据学等。

二、数据思维

（一）计算思维的指导思想

计算思维是运用计算的基础概念去求解问题、设计系统和理解人类行为的一种方法，是一类解析思维。它融合了数学思维（求解问题的方法）、工程思维（设计、评价大型复杂系统）和科学思维（理解可计算性、智能、心理和人类行为）。

计算思维是必须具备的思维能力。计算思维给计算机科学和教育增加了新内容和新发展。如计算思维是通过约简、嵌入、转化和仿真等方法，把一个困难的问题阐释成如何求解它的思维方法，计算思维把一个复杂的大而难的问题分成很多部分同时去处理，这就是并行处理；计算思维是一种递归思维，它把一个难以处理的问题分成两部分去处理，如不能求解，再把每部分分成两部分处理之，这就是分而治之的思想，也是一种还原论的思想。

（二）计算思维的影响与发展

计算机科学从本质上源自工程思维，因为人们建造的是能够与实际世界互动的系统。计算思维面向所有人，所有地方：当计算思维真正融入人类活动的整体时，它作为一个问题解决的有效工具，人人都应当掌握，处处都会被使用。计算思维不单单是计算机学科所关心的课题，计算思维对其他学科也有着深远的影响。计算生物学正在改变着生物学家的思考方式；纳米计算正在改变着化学家的思考方式；量子计算正在改变着物理学家的思考方式；

博弈计算理论正在改变着经济学家的思考方式等。由于计算机科学的普及、计算机科学的发展，计算思维已经深入其他学科，如脑科学、化学、地质学、数学、工程、经济学、社会科学、医疗、娱乐，还有艺术、体育、教育等。

（三）计算思维的基本原理

计算思维是运用计算机科学的基础概念与方法进行问题求解、系统设计及人类行为理解等的一系列思维活动。通过约简、嵌入、转化和仿真等方法，把一个困难的问题阐释成一个可以解决的方法。计算思维建立在计算过程的能力和限制之上，利用计算方法和模型处理那些无法完成的大型复杂的问题求解和系统设计。

计算思维吸取了解决问题所采用的一般数学思维方法和现实世界中大型复杂系统的设计与评估的一般工程思维方法，以及复杂性、智能、心理、人类行为的理解等的一般科学思维方法。计算思维是通过算法的构造实现可行性的方法。计算思维根本的内容是抽象和自动化。计算思维中的抽象完全超越物理的时空观，并完全用符号来表示，与数学和物理科学相比，数学抽象的最大特点是抛开现实事物的物理、化学和生物学等特性，而仅保留了其量的关系和空间的形式。计算思维中的抽象显得丰富而复杂。

第二节　大数据背景下现代企业财务管理

一、大数据背景下现代企业财务管理思维创新

大数据给企业财务管理带来了机遇和挑战，企业财务管理要想在大数据环境下持续发展，必须运用创新思维，实现财务管理工作的飞跃。对于企业来讲，财务管理将直接影响自身发展。要想提高自己的竞争力，就必须做好财务管理工作。[①] 大数据下财务管理的创新思维，可以从以下方面入手。

（一）大数据财务管理系统

大数据时代为提高财务管理工作质量的作用不容小觑，面对财务数据的

① 颜士祥．大数据背景下现代企业财务管理转型问题及解决策略[J]．活力，2023(9)：133.

数量大且繁杂的挑战，创新大数据财务管理系统是大数据下财务管理创新的关键。大数据背景下，对企业财务管理而言，应帮助企业创建一个标准化的财务平台，通过建立大数据财务管理系统，促进财务管理更加规范化和科学化。

财务人员借助大数据财务管理系统，采集、分析、梳理和评价数据，这样从大量烦琐的信息中，有效地获取相关信息数据，准确地评价企业的财务状况，分析当前企业生产运营存在的各种问题，从而准确预测企业和行业的未来发展趋势，对企业生产活动进行管理和调控，实现企业的统一经营和管理。

（二）财务数据的处理技术

创新财务数据的处理技术是大数据下财务管理创新的重要环节。为保证企业能够准确地分析数据，在创新财务数据的处理技术方面，要提高企业对大数据技术的重视度，加大对企业财务管理硬件投入，如大数据的收集、网络通信、存储、计算设备、可视化、可感知化器件等。

（三）财务数据的安全管理

创新财务数据的安全管理是大数据下财务管理创新的有效举措。大数据背景下，财务数据置身于开放的网络，对财务数据的安全性予以重视，创新财务数据的安全管理，是财务管理的重中之重。

财务管理人员应提高安全意识，在使用互联网时将安全意识贯穿始终，提高财务安全系数。

二、大数据背景下现代企业财务管理智能化发展策略

财务智能化能帮助财务管理人员及时获取需要的信息，处理人工解决不了的问题，也能借助大数据技术为各行各业提供科学、合理的财务数据。这就要求当前的财务管理人员对自己的业务熟记于心，认真做好自己的本职工作，还要具备良好的信息素养，这样才不会被时代淘汰。

（一）提高管理人员的计算机应用能力

现代大数据技术的作用，主要通过招聘计算机技术应用能力较强的技

术人员充当财务管理人员的形式，提高企业财务管理人员的综合能力。因此，在现代企业智能化财务管理的过程中，一方面，财务管理人员要针对企业财务管理工作出现的问题采取针对性管理措施，提高财务管理工作质量；另一方面，财务管理人员应利用专门的信息管理软件。细致核对公司账本数据，从而确保更好地发挥现代大数据技术的作用。

财务管理人员的专业素质水平高低，直接影响着财务管理的工作水平。这就需要每个企业的相应负责人加强对财务管理人员的日常业务培训，使其理论知识和专业技能得到逐步更新、补充、拓展，不断提高。同时，要加强企业财务管理人员的思想政治法律理论知识学习，使广大财务管理人员真正学法、懂法、守法。

（二）利用大数据技术实施财务公开

相关负责人应该严格按照财务公开管理项目，做到全体职工和领导应该都知道的财务公开，特别是对企业重点项目资金投资、资金理财等重大财务事项公开要严格实行公司的财务管理制度，借助大数据技术定期公布最近一段时期企业财务收支预算情况。年底坚持定期与不定期财务公开有机结合，常规财务工作按次公开，重大财务事项及时公开。公开发布方式以网站公开栏发布为主。公布的财务内容一定要完整，做到财务摘要项目明白，用工项目清楚，往来业务项目明晰，使全体领导以及职工对每项财务收支都清楚明白，切忌随意隐瞒财务收入与其他支出。

财务管理人员在利用大数据平台对这些数据进行管理和维护的过程中，可以有效预防黑客攻击，从而确保信息储存环境不遭到破坏。因此，只有加强财务信息流通与沟通工作，基于现代大数据环境下的企业财务管理工作才能实现创造性转化、创新性发展，进而提高企业财务管理工作效率。

我国各个地区的企业都应该通过多元化途径改革创新当地财务管理模式，以推动我国财务管理工作效率的不断提高。而财务管理人员作为我国现代智能化财务管理工作的服务主体，要不断加强学习财务管理知识与业务技能，提高自己的综合专业素质与财务管理水平，推动智能化财务管理相关工作的持续高质量健康发展，最终实现我国智能化财务管理的良性循环发展。

第三节　大数据时代公共图书馆创新发展

一、提供移动图书馆服务

伴随现代人的个性化需求逐渐递增，用户对公共图书馆需求变得越来越多元化，所以建立方便快捷的移动图书馆已经成为现代公共图书馆必须经历的重要阶段。公共图书馆是传播信息的机构，代表了确保公民获得知识权利的一种机制，需要合理运用互联网技术，建立移动图书馆。所以，在大数据时代发展背景下需要确保公共图书馆制度可以建立，通过合理调整公共图书馆行为促进图书馆服务模式得以创新。比如，通过手机客户端浏览在线图书馆 App 进行信息服务浏览，近期浏览和热门推荐等各种移动图书馆服务，使用户可以迅速在手机客户端实现上述功能，可以快速浏览信息。公共图书馆也可以使用户通过手机短信和网络浏览等各种方法，给用户打造自由的阅读空间，使所有用户均能够获得相同的机会享受公共图书馆的多种服务，不但可以确保图书馆用户保有率，还可以全面提高公共图书馆服务品质。

二、建立一站式资源服务模式

大数据时代发展背景下，图书馆文献的一大特点就是数据资源规模化出现了状态与数据流的迅速流动。大数据技术里面比较发达的图书信息技术给公共图书馆建立了相当开放且融合的平台，在这样的情况下，图书馆需要对以往的图书和文献信息资源与散布于虚拟储存空间的信息实施一站式管理，不但覆盖图书馆自行建设的书目数据库与特色资源库，以及经过对外购置版权下载到图书馆的资源，而且覆盖了网络在线资源与在线可下载资源等。基于社交媒体运用甚广，从而让很多用户原创信息产生，这部分原创信息延展至网络可以为人们生活与工作提供参考，鉴于云计算和 Map- Reduce 等图书馆信息处理和生成技术支持框架，当代图书馆需要把用户自行创作的内容整合于本馆统一化规模管理之中，经过对这部分来自各个地方和内容较为复杂的信息的智能化采集、分辨与整理，从而实现给用户定性推送合适信息的目标，全面展现出图书馆数字化特点，并构建在高新技术化手段上的用户信息资源采集模式。

三、实施多元化服务

在大数据时代发展过程中，公共图书馆服务模式创新需要实现多元化服务。而公共图书馆多元化服务也就是公共图书馆在给用户或者是读者提供对应服务的过程中，应当避免限制在以往的图书馆借阅服务中，需要主动创新服务形式，将过去复杂的服务程序简化，从而开拓服务类型和服务范围，提供信息资源方面的服务与互动参与服务等各种服务。过去公共图书馆服务是以为读者或用户提供馆藏资源借阅、还书、阅读为核心，读者享受服务需要满足有关条件，比如，需要是公共图书馆辖区以内居住者、需要办理图书借阅卡等。在大数据时代背景下，公共图书馆需要持续增强信息化服务，突破以往服务的界限和条条框框，全面拓展开放程度，有需求的用户均可以享受到公共图书馆在职能范围以内所提供的服务。公共图书馆也需要持续开拓服务范围和类型，合理借助互联网技术主动给用户提供信息讲座和社区活动等多元化服务。

总而言之，将公共图书馆服务模式加以创新不但是很好的机遇，还是很大的挑战。随着大数据时代的到来，公共图书馆面临一系列问题。如人才培养和数据整理等，这些均在某种程度上妨碍了公共图书馆可持续发展。如果公共图书馆要在市场竞争中获得一定的发展空间，就需要掌握好大数据发展形势，借助大数据技术将公共图书馆服务模式进行创新，以此提高市场竞争力，给公共图书馆可持续发展奠定基础。

第四节　大数据时代旅游管理与规划设计

一、旅游服务管理中大数据的价值

(一) 分析预测游客的旅游需求

旅游需求分析与预测工作，需要建立在多样化的决策依据基础之上。通过应用大数据技术，可以更高效地收集、分析和预测游客旅游需求的相关决策依据，应用大数据挖掘软件，建立相应的数字模型，综合近几年游客出行旅游信息，做出正确的旅游业发展决策。游客的旅游需求主要可以分为硬件需求和软件需求两类，其中，旅游服务属于游客软件需求，具备灵活性、变化性及无形性特征，因此更加需要对游客的实际需求进行明确，大数据技术在此方面具备突出的作用。

(二) 细分游客市场精准营销

在精准分析预测游客旅游需求的基础上，可以进一步在大数据技术的支持下，对游客进行合理分类，将具有相同或相似旅游需求的游客归为一类，根据不同的游客类别，细分游客市场，分析每一类游客的具体特征，包括行为特征、游览偏好等，对这些信息进行科学综合，制订针对性精准营销方案，从而有效节省时间与精力成本，提高旅游营销能力。

(三) 提高旅游规划与宏观调控水平

前瞻性与相关性是大数据突出的特征，在旅游服务管理工作中应用大数据技术，能够准确把握旅游市场的发展趋势，促进旅游规划与宏观调控水平提升。比如，在旅游区投入运营时，可以根据大数据分析结论，合理确定旅游区的运营定位，围绕运营定位规划旅游区的核心设计、制订相应运营措施，从而使得旅游区能够充分满足游客的游览需求，促进旅游区建设规划与市场需求有机衔接起来。

二、应用大数据优化旅游服务管理的对策

(一) 游客层面

在旅游服务管理中应用大数据技术的关键所在，是获取关于游客的大数据信息。为此，政府与旅游企业应设计开展多样化的游客互动活动，将大数据收集与反馈和网络新媒体有机结合起来，积极引导游客应用微信、微博以及旅游企业开发的相关 App 参与旅游服务质量评价。在此方面，政府和旅游企业可以为互动活动设置一定的奖励，以此增强游客的参与积极性，快速完成第一手信息收集，借助大数据技术对这些数据信息进行全方位的系统分析，及时发现旅游服务过程中存在的问题与不足，提出针对性优化策略与

方案，从而不断提高旅游服务管理质量。

（二）技术层面

在旅游服务管理中应用大数据技术，需要加强旅游大数据平台建设工作，打造集旅游大数据收集、旅游大数据分析、游客需求预测与分析、精准旅游营销方案等功能于一身的专业化数据分析处理平台，切实提高应用旅游大数据的水平与能力，充分发挥大数据技术在优化旅游规划和营销方案等各个方面所具备的价值与作用。

同时，应重视面向旅游服务人员开展大数据技术应用主题培训，增进旅游服务工作人员对于大数据技术的认知，提高其应用大数据技术的能力，发展其信息素养，从而确保其能够适应大数据技术应用的实践需求。此外，在旅游服务管理之中应用大数据技术，应重视做好数据的安全保护工作，守护游客的信息数据安全，避免游客的私密信息在大数据技术应用中泄露，提高游客的信任感与支持度，增强游客参与相关互动活动的积极性。

（三）企业层面

作为大数据技术在旅游服务管理中应用的实践主体，企业应积极主动地探索实现大数据技术与旅游业发展有机结合的路径，积极配合政府在旅游业中推广大数据技术的做法，将政府出台的相关政策落到实处。

企业需要建构起关于大数据技术的全面认知，明确大数据技术的特征、应用优势及具体的应用路径，找准在旅游服务管理实践中应用大数据技术的切入点，不断提高信息网络技术应用水平，树立大数据思维，在开展旅游服务管理的过程中，做好相应数据收集与反馈工作。在分析和预测游客旅游需求、细分游客市场、制订发展规划的过程中，主动应用大数据技术，不断总结大数据技术应用实践经验，探索大数据技术与旅游服务管理有机结合的创新模式。

旅游企业可以与专业的计算机企业达成合作，开发专门的旅游服务管理移动智能设备 App，做好 App 宣传推广和应用工作，调动游客应用 App 分享旅游感受和对于旅游服务的评价，在此基础上完成大数据收集，加快大数据的结论转化进程，提高旅游服务管理实效性。

第十一章　基于大数据的虚拟现实技术与应用

大数据和虚拟现实是两个快速发展的领域，它们的结合可以带来许多创新的应用，推动了用户体验的提升与社会的信息化发展。本章探讨虚拟现实及其特征、虚拟现实技术的设备、虚拟现实技术的应用。

第一节　虚拟现实及其特征

一、虚拟现实的界定

虚拟现实（VR）是一种人与计算机生成的虚拟环境之间可自然交互的人机界面。它利用计算机生成一种模拟环境，是一种多源信息融合交互式的三维动态视景和实体行为的系统仿真，可借助传感头盔、数据手套等专业设备，让用户进入虚拟空间，实时感知和操作虚拟世界中的各种对象，从而通过视觉、触觉和听觉等获得身临其境的真实感受。虚拟现实技术是仿真技术的一个重要方向，是仿真技术与计算机图形学、人机接口技术、多媒体技术、传感技术和网络技术等多种技术的融合，是一门富有挑战性的交叉技术。虚拟现实是一种能力，能让一个（或多个）用户在虚拟环境中执行一系列真实任务。虚拟现实是一个科学技术领域，利用计算机科学和行为界面，在虚拟世界中模拟 3D（三维）实体之间实时交互的行为，让一个或多个用户通过感知运动通道，以一种伪自然的方式沉浸其中。用户通过虚拟环境与系统互动和交互反馈，实现沉浸感模拟。

二、虚拟现实的主要特征

（一）沉浸感特征

沉浸感是指用户作为主角存在于虚拟环境中的真实程度。理想的虚拟环境应该达到使用户难以分辨真假的程度（如可视场景应随着视点的变化而变化），甚至超越真实。除了一般计算机所具有的视觉感知外，还有听觉感知、力觉感知、触觉感知、运动感知甚至包括味觉感知、嗅觉感知等。理想的虚拟现实就是应该具有人所具有的感知功能，导致沉浸感的原因是用户对计算机环境的虚拟物体产生了类似于对现实物体的存在意识或幻觉。

（二）交互性特征

交互性是指用户使用专门设备对虚拟环境内的物体的可操作程度和从环境得到反馈的自然程度（包括实时性）。例如，用户可以用手直接抓取虚拟环境中的物体，这时手有触摸感，并可以感觉物体的质量，场景中被抓的物体也立刻随着手的移动而移动。虚拟现实是利用计算机生成一种模拟环境（如飞机驾驶舱、操作现场等），通过多种传感设备使用户“投入”虚拟环境，实现用户与虚拟环境直接进行自然交互的技术。

（三）构想力特征

构想力是指用户沉浸在多维信息空间中，依靠自己的感知和认知能力全方位地获取知识，发挥主观能动性，寻求解答，形成新的概念。虚拟现实不仅仅是一个演示媒体，还是一个设计工具，它以视觉形式反映了设计者的思想。举例来说，当在盖一座现代化的大厦之前，首先要做的事是对这座大厦的结构、外形做细致的构思，为了使之定量化，还需设计许多图纸，当然这些图纸只有内行人才可以看懂，虚拟现实就是可以把这种构思变成看得见的虚拟物体和环境，使以往只能借助传统沙盘的设计模式提升到数字化的所看即所得的完美境界，大大提高了设计和规划的质量与效率。

计算机产生一种人为虚拟环境，这种虚拟的环境是通过计算机图形构成的三维数字模型，编制到计算机中去产生逼真的“虚拟环境”，从而使用户在视觉上产生一种沉浸于虚拟环境的感觉，这就是虚拟现实技术的沉浸感或临场参与感。正是由于虚拟现实技术的上述特性，它在许多不同领域的应用，可以大大提高项目规划设计的质量，降低成本与风险，加快项目实施进度，加强各相关部门对于项目的认知、了解和管理，从而为用户带来巨大的经济效益。

第二节 虚拟现实技术的设备

一、输入设备

（一）物体操纵设备

1. 数据手套

数据手套是一种常见的虚拟物体操纵设备，在虚拟现实的系统中，主要用于人机交互，能够实现人手动作的还原。数据手套可根据不同的应用场景，将各种姿势转换成不同的数字信号，并对数字信号进行加工处理，根据计算机中的特定算法和应用程序，执行不同动作相应的操作，在虚拟世界中也可以完成移动、控制等一系列操作。通常情况下，数据手套主要应用于跟踪系统中，配合一些定位设备使用，能够达到精确定位的效果。

2. 数据衣

数据手套的主要功能是将不同的手部动作作为客户端的输入，而数据衣则主要作为客户端的输出。数据衣是指将众多传感器集成在可穿戴的衣服上，通过衣服可以检测到人体的活动情况及各个关节的弯曲程度，将这些数据输入计算机后，计算机能够对数据进行建模，甚至还能够模拟不同角色的运动。数据衣主要应用于三维动画中，可以起到很好的动作捕捉作用。

3. 力矩球

在实际应用中，又将力矩球称为空间球，力矩球是一种自由度很高的输入设备，将其固定在水平面上，不仅可以对其进行拉升、挤压，还可以让其来回摇摆，这是为了更好地控制虚拟场景。根据力矩球的形变和施力，六个传感器和不同方位的记录信息，就可以自动转化为平移和旋转的动作，并将具体的数据送到计算机中，最终完成显示。采用空间球进行模拟的最大优势是可以对实体进行操作，结构简单且使用时间长。

4. 操纵杆

可以将操纵杆视为一种塑料杆，其基本原理是将一种物理运动转换为可计算的电子信息。操纵杆主要用于完成手对操作物的控制，对于不同的操纵杆而言，操作技术以及传送信息的能力也存在一定的差异。

在操纵杆上还分布了功能不同的按钮，这些按钮与操纵杆的移动原理类似，其内部的电路在按下按钮时形成闭合回路，并触发系统正常工作。这是为了高效、快捷地对操纵杆进行控制，捕获一些相对细微的变化。但操纵杆也存在一定的问题，它只能够传递正向的数据，并不能区分前后运动。

（二）位置跟踪设备

1. 电磁跟踪设备

通过电磁实现跟踪是目前应用广泛的跟踪方式，电磁跟踪设备的应用场景广泛。磁场跟踪设备主要依赖于低频磁场的传感器，传感器的主要设备是磁场发射器，发射器中的三个正交天线与接收端的正交天线相互作用，将计算出的数据交回给计算机处理。通过磁场的相互影响，可以准确计算出发射器的位置及大致方向，进而根据反射器推断出物体的准确位置。

电磁跟踪设备一个显著的特点就是非接触，从整体上看，它主要是由发射机、接收机、传感器、计算单元构成的，其原理是根据磁场对运动的物体进行精确定位。发射机主要用于产生电磁场；接收机的功能是将所收到的信号转变为电信号；计算机主要是对数据、信号进行加工、处理。计算机内部具有强大的计算功能，多个数据的交叉重叠，就可以得出不同方位、不同维度的结果。

2. 声学跟踪设备

超声波的应用十分广泛。声学跟踪设备在一定范围内也属于无接触的范畴，超声技术相比于其他技术，成本更低、更容易实现，结构也相对简单，这也使声学跟踪设备备受欢迎。人耳听不到超声波，但超声波在传播过程中会有明显衰减，传播距离受限，因此声学跟踪设备的使用场景是小范围定位。与电磁跟踪设备相同，声学跟踪设备也是由发射机、接收机、传感器、计算机构成的，但声学跟踪设备一般不会受到电磁场的影响，这也就意味着它不会受到周围物体的影响。

3. 光学跟踪设备

光学跟踪设备是一种功能强大、精确度高的跟踪设备，这是因为光学跟踪具有非接触的性质，通过精确的光学计算，能够得到对象的位置和大致方位。光学跟踪是基于图像处理的，因此获取图像对于光学跟踪而言显得尤为重要，利用摄像机来获取清晰的图像，并且通过复杂计算、时间测量等操作，才能够分析出对象的位置。光学跟踪中所使用的光学设备多种多样，光源也种类繁多，常见的有结构光、脉冲光、红外线等，其中，结构光主要用于激光扫描，脉冲光则主要用于雷达探测。

对于光学跟踪设备而言，其最大的优势在于计算速度快、时延相对较低，在一些对实时性要求相对较高的情况下使用。但它也存在一个致命的缺点，那就是不能受到物体的阻挡，一旦遇到物体的阻挡，整个系统就无法正常工作。

（三）动作捕捉设备

动作捕捉设备是指用来实现动作捕捉的专业技术设备。动作捕捉设备的种类较多，主要可以分为电磁式、声学式、光学式、机械式这四类。

1. 电磁式动作捕捉设备

接收传感器、数据处理单元和发射源共同构成了电磁式动作捕捉设备。接收传感器位于表演者身体的重要部分，并且随着表演者的动作在电磁场中进行运动，在电缆或无线方式的作用下，接收传感器向处理单元传送收到的信号，对这些信号进行分析和处理，将每个传感器的方向和空间位置解算出来；在空间中，发射源会形成按照一定时空规律作为分布依据的电磁场。较好的实时性、易用性和鲁棒性是电磁式动作捕捉设备最大的优势。其不足之处在于较低的采样率，捕捉快速动作时不适用，精度容易受到金属物电磁场畸变的影响。同时，容易受到线缆式的制约和障碍，不适用于表演复杂动作。

2. 声学式动作捕捉设备

接收系统、处理系统和发送装置共同构成声学式动作捕捉设备，其中，接收系统主要包括三个以上的超声探头阵列，发送装置主要是指超声波发生器。将一个发送装置发送声波到传感器的相位差或时间进行测量，对接收传感器的距离进一步确定，通过保持三角排列的三个接收传感器能够对距离信息获取，从而将超声发生器到接收器的方向和位置计算出来。声学式动作捕捉设备的缺陷在于较低的实时性，容易受到多次反射和噪声的影响，而且精度较差；其优点是成本较低。

3. 光学式动作捕捉设备

利用跟踪和监视目标上的特定光点促进动作捕捉任务的完成便是光学式动作捕捉。计算机视觉原理是当下光学式动作捕捉最主要使用的技术。光学相机在光学式动作捕捉设备中扮演采集传感器的角色。根据光学式动作捕捉设备应用的不同目标传感器类型，可以将它具体分为两种设备：一种是标记点式光学动作捕捉设备，另一种是无标记点式光学捕捉设备。前者的目标传感器是将标记点粘贴在物体上从而发挥作用，后者是指不加任何标记粘贴在物体上，其探测目标主要是三维形状特征或二维图像特征提取出的关键信息。

4. 机械式动作捕捉设备

机械式动作捕捉设备是指依靠机械装置来跟踪和测量物体运动轨迹的设备。多个数量的关节和刚性连杆共同构成机械式动作捕捉设备。角度传感器位于机械式动作捕捉设备中可转动关节的部位，对转动关节角度过程中的实时变化情况进行测量。当装置处于运动状态时，通过连杆的长度和角度传感器对角度变化进行测量，最终可以准确算出将空间中连根杆末端点的运动轨迹和位置。机械式动作捕捉设备的不足之处在于便捷性不够，使用者的动作受到很大的限制，对于表演连贯性动作无法适用；其优点是高精度、低成本。

二、输出设备

（一）视觉感知设备

1. 头盔显示器

头盔显示器是三维显示技术中发展最完善的设备，在众多显示设备中，头盔显示器以其高沉浸感、实时交互性在虚拟现实与增强现实技术中占据重要地位。[①] 头盔显示器的使用方法是用机械的方法将头盔显示器固定在用户的头部，要求头与头盔之间不能有相对运动。当头部动作发生时，头盔显示器会自然地随着头部运动而运动。头盔显示器中都配置有位置跟踪器，可以对用户的头部位置进行实时探测，并及时反馈给计算机。计算机再根据反馈的数据信息来生成相应的图像场景并在头盔显示器的屏幕上加以显示。

头盔显示器应当尽量小，才方便用户佩戴。因此，头盔显示器的显示屏与用户眼睛之间的距离都很短，为保障用户在佩戴头盔显示器时能在如此近的距离下看清显示图像，且不易产生眼疲劳，就需要有专门的镜片来进行调节。

2. 吊杆式显示器

吊杆式显示器也称为双目全方位显示器。它是一种可移动式显示器。将两个独立的 CRT 显示器捆绑在一起，且由两个互相垂直的机械臂支撑，可以让显示器在半径 2 米的球形空间内自由移动。吊杆上每个节点处都有三维定位跟踪装置，可以精确定位显示器在空间中的位置和朝向。

3. 洞穴式显示系统

洞穴式显示系统是一种较理想的沉浸式虚拟现实环境，是基于多通道视景同步技术、三维空间整型校正算法、立体显示技术的房间式可视协同环境。用户在洞穴空间中不仅可以感受到周围环境的影响，还可以获得高仿真的三维立体视听的声音，并且可以利用相应的跟踪器和交互设备实现自由度的交互感受。

4. 响应工作台显示设备

响应工作台显示设备是计算机通过多传感器交互通道向用户提供视觉、听觉、触觉等多模态信息，具有非沉浸式、支持多用户协同工作的立体显示装置。工作台一般由 CRT 投影仪、反射镜和具有散射功能的显示屏（散射屏）组成。顶部的 CRT 投影仪把图像投影到竖直的散射屏；另外，底部的 CRT 投影仪对准反射镜，把图像投影到反射镜面上，再由反射镜将图像反射到倾斜的散射屏上。图像被两块散射屏同时通过漫散射向屏上反射。若多个用户佩戴立体眼镜坐在工作台周围，则可以同时在立体显示屏中看到三维

① 高源，刘越，程德文，等．头盔显示器发展综述 [J]. 计算机辅助设计与图形学学报，2016(6)：896–904.

对象浮在工作台上面，因此虚拟景象具有较强的立体感。

（二）听觉感知设备

听觉信息是虚拟现实系统中仅次于视觉信息的传感通道。听觉通道给人的听觉系统提供声音显示，也是创建虚拟世界的重要组成部分。听觉通道要为用户提供身临其境的逼真感觉，就必须达到一些要求。听觉通道要让用户置身于立体的声场之中，能够清楚识别声音的类型和强度，能准确判断声源的位置。在虚拟现实系统中加入与视觉并行的三维虚拟声音，一方面可以增强用户在虚拟世界中的沉浸感和交互性，这是因为听觉感知设备就是在三维虚拟空间中把实际声音信号定位到特定的虚拟声源，以及实时跟踪虚拟声源位置变化或景象变化；另一方面可以减弱大脑对于视觉的依赖性，从而降低沉浸感对视觉信息的要求，使用户能从既有视觉感受又有听觉感受的环境中获取更多的信息。

虚拟环境中的虚拟声音是通过立体声设备输出的，典型的传感器是立体声耳机和多声道音箱。当前的立体声耳机已经具有不错的音响效果，能够逼真地模仿出自然界的音响及人类的语音。

（三）触觉和力觉反馈设备

触觉和力觉反馈设备改变了以往基于视觉与听觉和键盘鼠标等传统的二维人机交互技术，为使用者提供了一种自然和直观的基于力和触觉的人机交互方式。用户可以利用触觉和力觉信息去感知虚拟世界中物体的位置和方位或者操纵和移动物体来完成某种任务。触觉和力觉的存在使得人与虚拟环境的交互更加精确。触觉反馈设备可以使实验者在接触到三维虚拟物体时产生触感，并进一步感受到物体的形状、纹理、温度等信息；力觉反馈设备可以使实验者在操控虚拟实验物品或设备时感受到重量或力的大小与方向。触觉和力觉反馈设备可以使实验者在实验过程中获得真实的感受。

三、生成设备

（一）计算机

当前最大的计算机系统由遍布世界各地的几千万台个人计算机组成。个人计算机具有价格低、容易普及和发展性的优点，个人计算机的 CPU 和三维图形卡的处理速度也在不断提高。不仅如此，还可以通过安装多块 CPU 和多块三维图形卡将三维处理任务分派给不同的 CPU 和图形卡，使个人计算机的性能得到提高。

（二）高性能图形工作站

在当前计算机应用中，图形工作站是仅次于个人计算机的最大的计算机系统。与个人计算机系统相比，工作站系统具有更强的计算机能力、更大的磁盘空间、更快的通信方式，在数据处理和图像处理上都更加专业。

图形工作站是一种专业从事图形、图像（静态、动态）与视频工作的高档次专用计算机的总称。图形工作站图形处理能力，让它适用于三维动画、数据可视化处理乃至 CAD/CAM/CAE 制图中。图形工作站被广泛应用于专业平面设计、视频编辑、影视动画、视频监控与检测、军事仿真等领域中。

（三）超级计算机

超级计算机又称巨型机，是计算机中功能最全、运算速度最快、存储量最大、价格最贵的计算机类型。

超级计算机的基本组成组件与个人计算机无太大差异，但它的规格与性能比个人计算机强大得多。超级计算机具有非常强大的数据计算和处理能力，它的主要特点是高速度、大容量。超级计算机不仅配置有多种外部和外围设备，而且配置有丰富的、高功能的软件系统。现有的超级计算机运算速度大多可以达到每秒万亿次以上。

超级计算机作为高科技发展的要素，早已成为世界各国开展经济竞争、巩固国防实力的利器。我国科技工作者经过数十年的努力，将我国高性能计算机的研制水平提到世界前列。超级计算机主要用在国家高科技领域及国防尖端技术的研发中。

第三节　虚拟现实技术的应用

一、虚拟现实技术在动画创作中的应用

在近年来的科技发展中，虚拟现实技术逐渐成为动画创作领域的重要工具，为动画制作带来了全新的可能性和体验。

第一，虚拟现实技术为动画创作者提供了沉浸式的创作环境。通过戴上 VR 头戴设备，动画师可以身临其境地感受虚拟场景，这使得他们能够更直观地感知动画中的空间、光影和氛围。这种沉浸式体验有助于提高创作者的创意激发，使他们深入地思考动画场景的构建和故事情节的设计。

第二，虚拟现实技术为动画创作者提供了全新的创作工具。在传统的动画制作中，制作者通常需要通过平面画面来表达三维空间，而虚拟现实技术使得动画师能够直接在虚拟环境中进行绘制和设计。这种直观的创作方式不仅提高了效率，还使得动画场景的构建真实和自然。

第三，虚拟现实技术也为观众提供了更加沉浸式的观影体验。观众可以通过 VR 设备体验到身临其境的感觉，与动画中的角色和环境互动。这种互动性的体验不仅增强了观众的参与感，还为动画创作者提供了更多的表达手段。

二、虚拟现实技术在建筑设计领域中的应用

在建筑设计领域，虚拟现实技术的应用日益增多，为设计师提供了全新的工具和方法，对于项目的规划、沟通和评估都具有重要意义。

第一，虚拟现实技术在建筑设计中的应用可以极大地改善设计过程。通过虚拟现实技术，设计师能够创建一个逼真的三维模型，使其能够在虚拟环境中亲身体验设计方案。这种实时的交互体验有助于设计师更好地理解空间、比例和流线，并在早期阶段识别和解决潜在的设计问题。设计师可以通过虚拟现实中的漫游功能，自由地探索整个建筑，从而更好地把握设计的整体感觉。

第二，虚拟现实技术为建筑设计提供了强大的沟通工具。设计师可以将虚拟现实场景分享给项目团队、客户或相关利益方，使他们能够共同参与设计过程。这种直观的展示方式有助于减少误解，提高沟通效率。客户能够更容易地理解设计概念，提出反馈，从而更好地满足他们的需求。这样的沟通方式有助于建立紧密的合作关系，确保设计方案能够被全面理解和认可。

第三，虚拟现实技术还为建筑设计的评估提供了新的手段。通过虚拟现实模拟，设计师可以模拟不同的光照、材质和环境条件，评估室内外空间的舒适性和效果。这有助于在设计的早期阶段发现并解决可能存在的问题，从而提高建筑的可持续性和实用性。同时，虚拟现实技术可以用于模拟建筑在不同时间、天气条件下的外观，帮助设计师更好地理解建筑与周围环境的关系。

三、虚拟现实技术在教育领域的应用

虚拟现实技术在教育领域的应用为学习者提供了全新的学习体验，不仅能够增强学习者的兴趣和参与度，还能够提高学习效果。

第一，虚拟现实技术为教育提供了直观、具体的学习环境。通过虚拟现实技术，学生可以在虚拟的三维空间中进行实时互动，观察和体验抽象概念，使得抽象的知识变得具体和易于理解。例如，在生物学课程中，学生可以通过虚拟现实技术亲身体验细胞分裂的过程，加深对细胞生物学的理解。

第二，虚拟现实技术为学习者提供了安全的实践环境。在一些需要实际操作和实践技能的领域，如医学、工程等，学生可以通过虚拟现实技术进行仿真实验，减少了实际操作中的风险，提高了学生的实践能力。这对于培养学生在实际工作中所需的技能和经验具有重要的意义。

第三，虚拟现实技术可以实现全球范围内的远程教育和协作学习。通过虚拟现实技术，学生和教育资源可以实现全球范围内的互联互通，学生可以在虚拟空间中与来自世界各地的同学一同学习。这种跨越地域限制的学习方式不仅拓宽了学生的视野，还促进了国际化教育的发展。

四、虚拟现实技术在医疗领域的应用

在医疗领域，虚拟现实技术已经开始展现出巨大的潜力，为医学研究、医疗培训、手术规划和患者治疗等方面带来了革命性的改变。

第一，虚拟现实技术在医学研究方面具有显著的优势。研究人员可以利用虚拟环境来模拟各种疾病的发展过程，深入地了解病理生理学。这种虚拟模拟的环境可以为科学家提供直观的数据，加速医学研究的进展。此外，通过虚拟现实技术，研究人员可以模拟药物的作用机制，更好地理解药物与人体之间的相互作用，从而为新药的研发提供重要的指导。

第二，虚拟现实技术在医疗培训方面也发挥了重要作用。医学生和医护人员可以通过虚拟现实模拟接触各种真实情境，如手术室、急救现场等，以提高他们的技能水平。这种实战模拟不仅可以帮助培训者更好地应对紧急情况，还可以减少因操作失误而导致的患者风险。此外，虚拟现实培训能够为医学生提供更多样的学习机会，增加他们在各种医疗场景中的经验。

第三，在手术规划方面，虚拟现实技术为医生提供了强大的工具。医生可以使用虚拟现实模拟来规划复杂的手术过程，提前了解患者的解剖结构，减少手术中的风险。通过这种先进的手术规划，医生可以精准地进行操作，提高手术成功率，缩短患者的康复时间。这对于一些复杂的手术，如神经外科手术或微创手术，具有特别的意义。

第四，虚拟现实技术在患者治疗方面也展现出潜在的优势。通过虚拟现实的沉浸式体验，患者可以在治疗过程中获得更好的心理支持。例如，在疼痛管理方面，虚拟现实技术可以提供一种分散患者注意力的方式，减轻他们对疼痛的感知。此外，虚拟现实还可用于心理治疗，帮助患者正确面对恐惧、焦虑等心理问题。

结　语

云计算与大数据技术的应用在当今社会已经超越了传统的技术范畴，成为推动社会变革和科技创新的一大引擎。这一趋势不仅在信息技术领域引起了广泛的关注，也在其他行业和领域产生了深远的影响。云计算以其灵活、高效的计算模式，以及大数据技术通过处理和分析大规模数据为决策者提供全面支持的能力，为社会带来了前所未有的机遇和挑战。

本书通过学术化的叙述与深度分析，为读者提供一种深入了解云计算和大数据技术的途径。通过系统性的章节安排，全面而翔实地研究云计算的基础知识、原理体系，以及与之相关的关键技术研究。同时，对大数据技术进行了深入的剖析，包括数据仓库与数据挖掘技术、大数据分析技术与应用等方面的内容，使读者能够建立对这两项技术的全面认知。

期望本书能够成为学术界和业界从业者的重要参考资料，为大家提供深入研究云计算和大数据技术的平台。通过对核心概念和关键原理的深度理解，读者将能够更好地应对技术的变革和挑战，从而促进云计算与大数据领域的不断发展与创新。

参考文献

一、著作类

[1] 陈潇潇，王鹏，徐丹丽．云计算与数据的应用 [M]. 延吉：延边大学出版社，2018.

[2] 谷斌．数据仓库与数据挖掘实务 [M]. 北京：北京邮电大学出版社，2014.

[3] 李兆延，罗智，易明升．云计算导论 [M]. 北京：航空工业出版社，2020.

[4] 苏琳，胡洋，金蓉．云计算导论 [M]. 北京：中国铁道出版社，2020.

[5] 王庆喜，陈小明，王丁磊．云计算导论 [M]. 北京：中国铁道出版社，2018.

[6] 王志．大数据技术基础 [M]. 武汉：华中科技大学出版社，2021.

二、期刊类

[1] 曹蓉，鲍亮，崔江涛，等．数据库系统参数调优方法综述 [J]. 计算机研究与发展，2023(3)：635–653.

[2] 陈浩磊，邹湘军，陈燕，等．虚拟现实技术的最新发展与展望 [J]. 中国科技论文在线，2011(1)：1–5，14.

[3] 杜宝．数字化时代的虚拟与现实建筑共享空间融合探讨 [J]. 居舍，2023(28)：139–141，180.

[4] 鄂海红，张田宇，宋美娜．基于 Web 的数据可视化图表渲染优化方法 [J]. 计算机科学，2021(3)：119–123.

[5] 冯凡．大数据分析技术下的隐私保护 [J]. 数字通信世界，2023 (3)：142–145.

[6] 高源，刘越，程德文，等．头盔显示器发展综述 [J]. 计算机辅助设

计与图形学学报，2016(6)：896–904.

[7] 顾君忠．大数据与大数据分析 [J]. 软件产业与工程，2013 (4)：17–21 ，52.

[8] 洪牧．大数据时代公共图书馆阅读推广服务创新 [J]. 科技资讯，2021(34)：152–154.

[9] 胡军强．虚拟现实动画中的交互设计与多感官体验的研究 [J]. 电脑与电信，2021(10)：36–38.

[10] 黄庆祥，李家桐，田筝，等．基于数据挖掘方法的新型电力系统中可中断负荷合同模型研究 [J]. 智慧电力，2023(2)：24–29 ，68.

[11] 荆菁，赵宏霞．数据库与数据仓库 [J]. 现代管理科学，2008 (2)：115–116.

[12] 梁昊．云计算技术在计算机大数据分析中的运用：评《云计算与大数据》[J]. 科技管理研究，2020(16)：267.

[13] 蔺山高，涂超，马之力．基于云计算的智能电网调度系统安全架构设计 [J]. 网络空间安全，2018(2)：85–89.

[14] 刘棒棒，张柯 .SQL Server 数据库的性能优化分析 [J]. 数字技术与应用，2023(5)：73–75.

[15] 刘春辉．大数据分析与情报分析关系辨析 [J]. 科技视界，2022(12)：8–10.

[16] 刘鹏．虚拟现实技术在建筑室内交互设计中的应用 [J]. 智能城市，2023(11)：99–101.

[17] 刘萍．数据库安全与操作系统安全性原则的探讨 [J]. 西江月，2014(11)：535.

[18] 刘颜东．虚拟现实技术的现状与发展 [J]. 中国设备工程，2020(14)：162–164.

[19] 吕新和．虚拟现实技术在医学教育实践中的应用 [J]. 中国现代教育装备，2023(15)：33–34，45.

[20] 宋传园．数据仓库的概念与技术分析 [J]. 信息记录材料，2023 (5)：65–67.

[21] 宋静．云计算环境中应用安全认证机制研究 [J]. 黑河学院学报，

2022(7)：182–184.

[22] 孙惠娟．内存数据库事务管理器研究[J].数字技术与应用，2015(8)：119，121.

[23] 孙宇航，田亮．基于KPCA–Kmeans++数据挖掘的二次风燃烧优化[J].华北电力大学学报(自然科学版)，2023(5)：78–86.

[24] 王爱胜．数据科学在信息技术教育中的体系梳理[J].中国信息技术教育，2021(5)：5.

[25] 王璐．虚拟现实VR技术在影视动画创作中的应用[J].电子技术，2022(2)：288–289.

[26] 王鑫．大数据分析与情报分析关系[J].科学与信息化，2023(11)：52–54.

[27] 王银辉．基于云计算视野的商业模式创新性研究[J].现代商业，2016(27)：137–138.

[28] 邬贺铨．大数据思维[J].科学与社会，2014(1)：1–13.

[29] 向桂玲．计算机数据库备份方式以及恢复技术研究[J].信息记录材料，2022(5)：160–162.

[30] 肖凤军，白帆．基于数据云平台的分布式光伏大数据平台开发与应用[J].吉林电力，2023(4)：39–41.

[31] 徐炎，韩姗姗，王龙，等．虚拟现实及人工智能对传统医学教育的挑战与变革[J].科学咨询(科技·管理)，2023(9)：48–50.

[32] 颜士祥．大数据背景下现代企业财务管理转型问题及解决策略[J].活力，2023(9)：133–135.

[33] 杨辉．虚拟现实技术在教学领域的应用现状与前景分析[J].衡水学院学报，2023(4)：82–86.

[34] 杨文博．大数据时代下的信息图表可视化传达[J].软件(教育现代化)(电子版)，2018(1)：80.

[35] 俞天均．基于身份识别的智能应用云平台的开发与实现[J].物联网技术，2018(12)：95–96.

[36] 张伟刚，王琳．虚拟现实技术在职业教育中的应用[J].电子技术，2023(10)：314–315.

[37] 张治兵，倪平，付凯，等．云服务安全认证现状研究 [J]. 信息通信技术与政策，2018(9)：55–58.

[38] 赵凡，蒋同海，周喜，等．面向多维稀疏时空数据的可视化研究 [J]. 中国科学技术大学学报，2017(7)：556–568.

[39] 赵泓尧，赵展浩，杨皖晴，等．内存数据库并发控制算法的实验研究 [J]. 软件学报，2022(3)：867–890.

[40] 周晨曦，张弛，王升杰，等．云平台一体化开发框架及资源调度 [J]. 现代计算机，2021(30)：59–63.

[41] 周丹丹．广电网络云安全等保的研究与实现 [J]. 广播与电视技术，2018(5)：97–101.